1杯＋1碟，
我家就是居酒屋

日本料理職人的95道絕品下酒菜，
小食就有大滿足

うちの豆皿つまみ絶品レシピ

大野尚人、渡邊眞紀、上田淳子、飛田和緒、加藤里名、冷水希三子　著

涂紋凰　譯

前　言

你在家裡會想做什麼樣的下酒菜呢？

首先，當然是能搭配自己喜歡的酒的料理。

如果能選擇講究的食材和搭配方式，再加上與平常不同的新穎調味，心情一定會更加雀躍。

像餐廳裡那樣精緻的料理可能門檻較高，如果能用鄰近超市買得到的食材，簡單快速地完成，又能保存好幾天，那就最適合當作家裡小酌的下酒菜了。

您聽過「豆皿小菜」這個詞嗎？

豆皿小菜指的是盛在手掌大小的碟子裡的下酒菜。

在餐桌上擺上幾盤這樣的小菜，便能品嘗多種風味，這種風格深受喜歡在家中小酌的人喜愛。

這些料理大多是少量又能快速完成，即使在忙碌的日子，也能瞬間讓餐桌熱鬧起來。在平日稍有餘裕的時候，或悠閒的假日，可以有時間投入烹飪，享受放鬆的時光。

本書邀請了六位料理師與料理研究家，根據各自擅長的主題，提供各式「豆皿下酒菜」。

【本書的標示】
＊1大匙為15ml，1小匙為5ml，1杯為200ml。
＊微波爐設定以600W為基準。
＊高湯以柴魚昆布高湯為基礎，可依照個人喜好使用其他種類。
＊食譜中所標示的加熱時間及保存期限僅供參考，請根據所使用的烹調器具或環境自行調整與判斷。
＊若食譜標示的份量為2人份，有時會根據碟子大小，以略少於1人份的標準來盛裝。

目次

大野尚人的
居酒屋下酒菜 …… 06

- 10 芝麻醬鯛魚
- 10 甜蝦拌酒盜
- 11 韃靼鰹魚
- 11 蒸沙丁魚丸
- 12 黑胡椒燉牡蠣
- 12 酒粕漬鱈魚子
- 13 西洋芹羊肉牛蒡絲
- 13 韭菜醬鵪鶉蛋
- 14 柚子胡椒蘿蔔
- 14 烤茄子淋芝麻醋
- 15 南蠻醬拌菇菇
- 15 昆布絲蔥煎餅
- 〔一次做好保存〕
- 16 香菇豬肉燒賣
- 17 餛飩佐白蘿蔔芽薑汁醬油
- 18 大野的料理與酒類搭配指南
- 19 極品檸檬沙瓦&Hoppy製作方法〔啤酒、日本酒、檸檬沙瓦、Hoppy〕

渡邊真紀的
簡單涼拌蔬菜小菜 …… 20

- 24 豆腐拌蓮藕榨菜
- 24 泰式酸辣茄子小黃瓜
- 25 山椒風味酪梨拌烤舞菇
- 25 孜然拌花椰菜馬鈴薯
- 26 梅子蘿蔔泥拌雞胸肉香料蔬菜
- 27 花椒香菜拌羊肉
- 28 蔥拌韓式辣醬白肉魚
- 29 白味噌拌干貝水芹
- 30 戈貢佐拉起司醬拌小芋頭
- 30 牛蒡與生薑韓式涼拌菜
- 〔製作鹽揉蔬菜〕
- 32 巴西里杏仁醬拌高麗菜
- 32 柚子胡椒拌高麗菜鮪魚
- 32 半熟蛋優格醬拌西洋芹
- 32 醋拌西洋芹蘿蔔乾小魚

上田淳子的
十分鐘熱騰騰小菜 …… 36

- 40 辛香料炒豬絞肉
- 40 起司脆煎雞胸肉
- 41 蝦仁炒蛋
- 41 芝麻油炒海帶香蔥
- 42 奶油燉牡蠣
- 43 油炸蝦仁吐司
- 44 燉麻辣豆腐
- 45 炸蘑菇
- 46 烤蒜香小干貝
- 46 烤蛋盅
- 47 迷你法式三明治
- 47 烤番茄五花肉捲
- 48 菇菇培根湯
- 48 西式起司茶碗蒸
- 49 上田的料理與酒類搭配指南〔葡萄酒篇〕

飛田和緒的
下酒常備菜 …… 50

54 台風溏心蛋
54 伍斯特醬燉煮雞肝
55 油浸旗魚
55 水煮豬肉
56 醬油醃蘿蔔
56 香料蔬菜拌毛豆
58 炒牛蒡絲
58 清燙高麗菜
59 味噌紫蘇捲
59 醬油煮豆皮
60 茄子菇菇塔塔醬
61 綜合醃漬菜
62 油漬山椒粒
62 鹽漬山椒粒／醬油漬山椒粒
〔自製山椒粒保存食品〕
63 山椒粒煮蒟蒻
63 山椒胡蘿蔔
〔山椒粒製作料理〕

加藤里名的
麵粉類下酒菜 …… 66

70 綜合香草餅乾
70 橄欖番茄餅乾
71 咖哩孜然餅乾
71 艾登起司杏仁餅乾
72 帕馬森起司培根扭結派
72 洋蔥果醬派
73 炸海苔鬆餅
74 布利尼鬆餅
・魚卵醬
・蘋果甜菜優格醬
・茄子芝麻醬
・巴西里番茄沙拉
76 鮪魚高麗菜番茄鹹蛋糕
76 烤地瓜培根楓糖鹹蛋糕
78 培根洋蔥火焰薄餅
78 菇菇起司火焰薄餅

Column

34 快速上桌下酒菜
味噌奶油法國麵包／米莫萊特起司油拌新鮮花椰菜／海苔捲秋葵／青蔥石蓴豆腐／豬肝醬抹法國麵包／大蒜油拌小黃瓜西洋芹
64 適合下酒的零食
94 我的珍藏豆皿

冷水希三子的
水果香草下酒菜 …… 80

84 香草醬拌無花果
84 奇異果薄荷優格沙拉
85 哈密瓜蒔蘿沙拉
85 葡萄柚羅勒蛋沙拉
86 香菜萊姆漬草莓
87 百里香柿子馬鈴薯泥
88 起司香草炸蘋果
88 鼠尾草香蕉春捲
89 鳳梨香草莎莎醬煎干貝
90 柳橙巴西里醬烤肉
91 葡萄香菜炒雞肉
92 李子迷迭香燉豬肉
93 冷水女士傳授豆皿搭配小祕訣

大野尚人的
讓人酒量大增的
居酒屋下酒菜

坐在小店寧靜的吧檯前，
搭配自己喜愛的酒品，
一點一點地品味盛在小碟子裡的下酒菜。
何不試著在家中重現這種酒館專屬的愜意享受呢？

料理人大野尚人提案，
光看名稱就令人食指大動的創意居酒屋小菜。

將店裡的料理調整為在家也能製作的簡單版本，
蘊含著希望更多人輕鬆體驗美味的心意。

大野尚人

曾任職於餐飲業,2013年在東京門前仲町開設「酒亭沿露目」。隨後,於2016年創辦「酒肆一村」,並於2022年在月島成立「酒房蠻殼」。身為酒館愛好者,只要有空便會獨自到處飲酒,並每日鑽研料理。

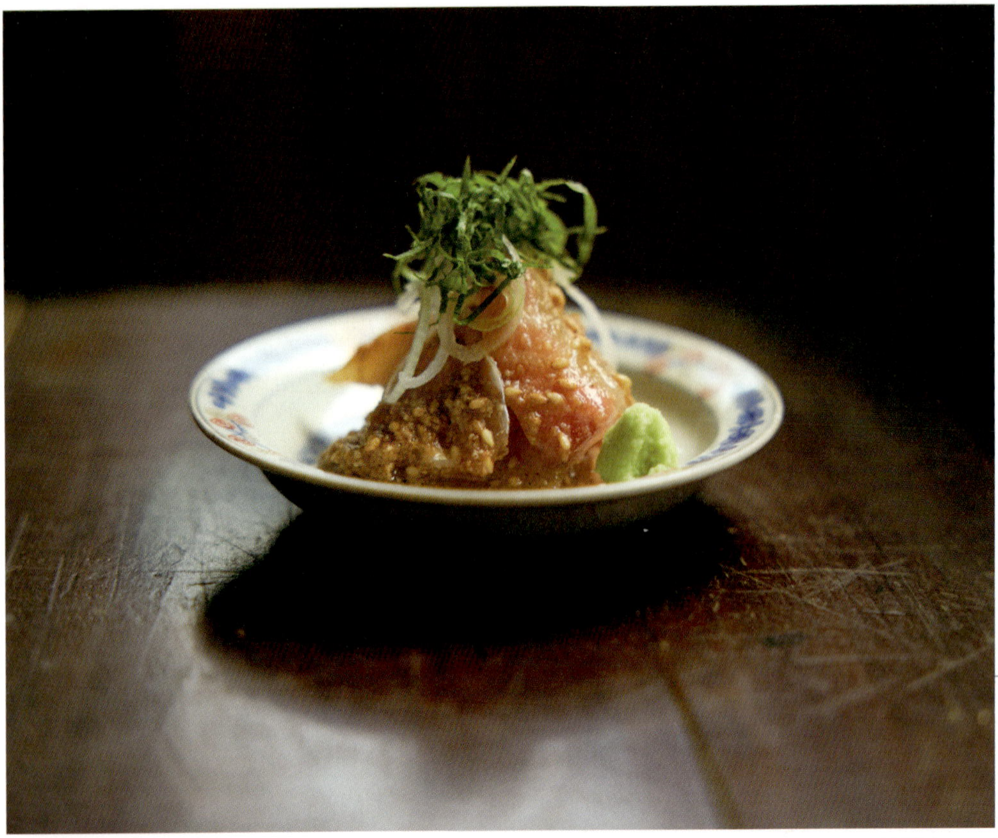

1

芝麻醬鯛魚

現做或隔夜都好吃

→食譜：p.10

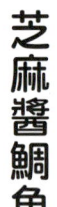

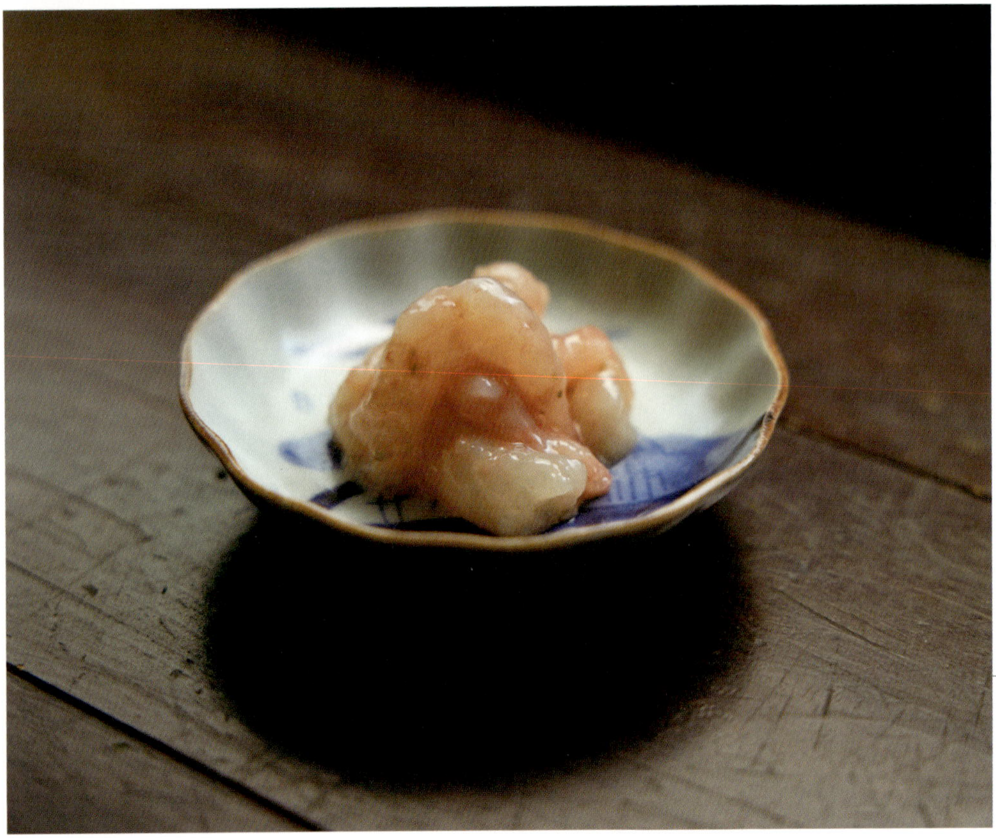

2

甜蝦拌酒盜

黏稠濃厚的甜味

→食譜：p.10

3 鞑靼鲣鱼

酸豆的清爽風味

→食譜：p.11

4 蒸沙丁魚丸

蓬鬆的全新口感！

→食譜：p.11

② 甜蝦拌酒盜

以甜蝦搭配酒盜醬，風味如清爽版的鹽漬海味。
加入柚子胡椒或寒造里柚香辣椒醬能增添口感。

材料（方便製作的份量）
甜蝦（生食級）　200g
酒盜醬（鯛魚、鮪魚或鰹魚製）　30g
料理酒　4大匙
柚子胡椒　少許

1. 將甜蝦的尾部去除備用。
2. 將酒盜醬與料理酒放入小鍋中，加熱至沸騰後熄火，倒入碗中冷卻。
3. 待酒盜醬冷卻後加入甜蝦拌勻，再添加柚子胡椒調味。放置一天後，風味會更為濃稠美味。

＊冷藏可保存約1週。

① 芝麻醬鯛魚

白肉魚拌芝麻醬，就像鯛魚茶泡飯的配料。
料理的祕訣在於撒鹽或用熱水燙過，
去除魚腥味能讓味道更為出色。

材料（2人份）
鯛魚（生魚片用）　90g
A｜料理酒（煮過）　½大匙
　｜味醂（煮過）　½大匙
　｜醬油　½大匙
　｜磨碎的白芝麻　15g
長蔥（切小段）、青紫蘇（切細絲）、山葵　少許

1. 將鯛魚切成一口大小的薄片。為去除腥味，可撒少許鹽，靜置約10分鐘後擦乾水分，或者用約80℃的熱水燙過後擦乾水分。
2. 將**材料A**混合均勻，加入**1**拌勻。
3. 將魚片盛入器皿中，搭配長蔥、青紫蘇與山葵（亦可撒上海苔絲）。剛做好時味道鮮美，冷藏放置一天後，魚肉的口感會更加緊實美味。

＊冷藏可保存約2天。

魚類料理就是要搭配日本酒。小碟子盛盤、配上小酒杯與筷架，視覺與味覺，在小巧精緻的世界裡徜徉。

> 把日本的生魚片用西式調味料調味，可以抹在餅乾上享用。

3 韃靼鰹魚

原本是韃靼牛肉，
改以紅肉的鰹魚搭配美乃滋與蒜頭，風味絕佳。
加入酸豆與芥末則是美妙的點綴。

材料（2人份）

鰹魚（生魚片用或炙燒用）　150g

A　｜紫洋蔥（切末）　20g
　　｜蒜頭（切末）　4g
　　｜酸豆（醋漬，切末）　20g
　　｜顆粒芥末　8g
　　｜美乃滋　10g
　　｜鹽　兩小撮
　　｜醬油、胡椒　各少許

1　將鰹魚切成小丁備用。
2　將**材料A**混合，加入**1**拌勻即可。
　　＊冷藏可保存約2天。

4 蒸沙丁魚丸

沙丁魚丸子通常用滾水煮成，
這個版本採用蒸煮方式鎖住風味，
口感更加蓬鬆細膩。
關鍵在於將魚肉製成平滑的泥狀。

材料（5個）

沙丁魚（三片，帶皮）　3尾
魚板　30g
長蔥（切末）　15g
薑（切末）　15g
味噌（如果有的話，建議用田舍味噌）　5g
山葵　少許

1　將沙丁魚、魚板與味噌放入食物處理機（或使用手持攪拌機）打成細滑的泥狀，移入碗中後加入長蔥與薑拌勻。
2　用湯匙取適量**1**，放在手掌中捏成橢圓形。將湯匙沾水可使魚丸表面更為光滑。
3　在碗或耐熱盤中鋪上烘焙紙，放上**2**後放入蒸籠，悶蒸約7分鐘。
4　可搭配少許山葵享用。

> 用沾水的湯匙塑形，蒸熟後的魚丸外觀更光滑美觀。

酒粕漬鱈魚子

 將經典的鱈魚子用酒粕醃漬，帶來截然不同的風味。微微炙烤，內部仍保有生鮮質地，呈現雙層口感。

材料（方便製作的份量）

鱈魚子　6條
酒粕（熟酒粕）　100g
西京味噌　100g
辣椒粉　少許
白蘿蔔泥、醬油　各適量

1. 將酒粕、西京味噌和辣椒粉混合均勻。
2. 在容器內（或保鮮膜上）鋪上一半的 **1**，用廚房紙巾將鱈魚子包裹好後放入容器，再用剩餘的 **1** 覆蓋。冷藏約2天。
3. 要吃的時候微微炙烤，切成一口大小盛盤，搭配白蘿蔔泥與醬油享用。

＊除了鱈魚子，也可用酒粕醃漬豆腐、魚肉或肉類。

黑胡椒燉牡蠣

 使用牡蠣進行加熱烹調，請選用適合加熱的生牡蠣。烹煮的關鍵是讓牡蠣內部剛好熟透，保持飽滿的狀態。

材料（方便製作的份量）

牡蠣（加熱用，去殼）　8顆
A｜醬油、味醂、酒　45g
　｜砂糖　15g
　｜薑（切絲）　10g
黑胡椒　適量

1. 牡蠣撒上適量鹽（不包含在材料中），輕輕搓揉清洗後，用清水沖洗乾淨。將牡蠣快速放入約80℃的熱水中燙一下（霜降法）去除腥味，然後擦乾水分。
2. 在鍋中加入 **A**，加熱至沸騰後放入處理好的 **1**，蓋上蓋子或鋁箔紙，以小火燉煮約3分鐘。將牡蠣翻面後再煮約1分鐘，然後關火，利用餘熱讓內部熟透並入味。注意不要過度加熱以免牡蠣變硬。可以用竹籤刺入檢查，感覺溫熱就代表熟透。
3. 最後撒上黑胡椒，靜置至入味。冷藏後品嘗也很美味。

＊冷藏可保存約5天。

事前處理牡蠣的重點，就是連皺褶的部分都要洗乾淨，放進熱水燙過就要馬上撈起。

韭菜醬鵪鶉蛋

8 使用生鮮鵪鶉蛋燉煮，比現成的水煮蛋更具風味。搭配中式風味醬汁，特別適合搭配紹興酒或較濃烈的酒類。

材料（方便製作的份量）

鵪鶉蛋　10顆

A｜韭菜（切小段）　1把
　｜料理酒　1大匙
　｜醬油　3大匙
　｜蠔油　½大匙
　｜芝麻油　½大匙
　｜砂糖　½小匙

沙拉油　4大匙
白芝麻　少許

1. 在鍋內放入鵪鶉蛋與冷水，沸騰後繼續煮2分30秒。迅速放入冷水中冷卻，去殼。為方便剝殼，可先將兩顆蛋互敲或者敲桌面使蛋殼形成裂紋。
2. 在耐熱保存容器內混合 A。
3. 用小鍋加熱沙拉油，淋入 2 拌勻，然後加入鵪鶉蛋，浸泡一晚入味。
4. 盛盤後撒上白芝麻即可享用。

＊冷藏可保存約5天。

西洋芹羊肉牛蒡絲

7 西洋芹與羊肉的搭配堪稱絕妙。以創新手法製的牛蒡絲，可搭配日本酒和葡萄酒，變身風味絕佳的小菜。

材料（方便製作的份量）

西洋芹　250g
羊絞肉　200g
孜然籽　2小匙
芝麻油　1大匙

A｜咖哩粉　2小匙
　｜醬油　2大匙
　｜味醂　2大匙
　｜砂糖　1小匙

茗荷（切小段）　少許

1. 將西洋芹切成5公分長後再縱切成薄條。
2. 在鍋內放入芝麻油與孜然籽加熱，炒出香氣後加入羊肉，炒散後先取出備用。之後還會拌炒，所以小心不要炒過頭。
3. 在同一鍋子中加入西洋芹，翻炒至軟化，然後加入 A 煮滾，放回炒好的 2，轉中火煮至湯汁收乾即可。盛盤後撒上茗荷。

＊如果沒有羊絞肉，可將羊肉片切碎替代。
＊冷藏可保存約5天。

烤茄子淋芝麻醋

柚子胡椒蘿蔔

10 製作出色烤茄子的技巧在於適度脫水再烤，使外形保持完整，彷彿高級日本料亭端出的一道美味佳餚。

9 將傳統的柚子蘿蔔加入柚子胡椒，帶有微辣風味。薄切處理後快速入味，且不需壓去水分，保留脆脆的口感。

材料（2人份）
茄子　1條

A
| 砂糖　1小匙
| 高湯　1大匙
| 淡口醬油　2小匙
| 味醂　2小匙
| 米醋　4小匙
| 白芝麻醬　30g

青紫蘇（切絲）少許

1. 茄子去蒂頭，尾端稍微修剪，於表皮劃兩道淺口，用竹籤從尾端刺入製造透氣孔，讓蒸氣透出來，可以徹底烤熟茄子。
2. 茄子用烤魚爐烤6分鐘，翻面再烤5分鐘（如果烤爐只能烤單面）。趁熱剝皮，再輕烤表面，留下烤網的痕跡。
3. 將A混合製作芝麻醋醬。
4. 將2放涼後切成一口大小，擺盤淋上適量的3，最後灑上青紫蘇絲。冷藏後食用同樣美味。

材料（方便製作的份量）
白蘿蔔　250g

A
| 水　500ml
| 柚子胡椒　10g
| 柚子皮（切細絲）　½顆的份量
| 柚子汁　50g
| 米醋　90g
| 砂糖　40g
| 鹽　4g

1. 白蘿蔔削皮，切成半圓形薄片。
2. 將A放入密封袋中混合均勻，加入白蘿蔔片，醃漬至稍微變軟即可。

＊冷藏可保存約5天。

> 只需要把白蘿蔔加入醃漬醬汁即可。不需要搓鹽、壓重處理，因此可長時間保持爽脆口感。

14

12 昆布絲蔥煎餅

原本加入海鮮等配料的煎餅份量較多，相對而言這款煎餅比較適合當下酒菜。使用大量的油煎至香脆。

11 南蠻醬拌菇菇

將鮮美的菇類與帶酸味的高湯結合，適合作為前菜或小菜，清爽開胃。

材料（1片）

九條蔥　25g

A
- 昆布絲　5g
- 蛋（打散）　1顆
- 高筋麵粉　28g
- 在來米粉　12g
- 醬油　1小匙
- 高湯　50 ml

沙拉油　1大匙

〔醬汁〕
淡口醬油　1大匙
米醋　½大匙
辣油　少許

1. 九條蔥斜切成5公分長的小段。在料理碗中把九條蔥和 A 混合均勻。
2. 在平底鍋用中火加熱沙拉油，將1均勻攤開，煎至金黃後翻面，兩面皆煎至金黃。
3. 切成適當大小，醬汁另外用醬料碟盛裝。

材料（方便製作的份量）

菇類（杏鮑菇、舞菇、蘑菇等）　共250g
芝麻油　1大匙

A
- 高湯　100 ml
- 米醋　50g
- 淡口醬油　25g
- 味醂　25g
- 紅辣椒（切片）　1根

1. 杏鮑菇切半後縱向切成4等份，舞菇撕成容易入口的大小，蘑菇則去除表面髒汙。
2. 在鍋中倒入芝麻油，以中火加熱，再放入1炒至稍微軟化並出現輕微焦色，然後蓋上鍋蓋稍悶蒸。注意不要炒過頭，以免菇類縮水，並考慮餘熱，保留彈嫩口感。
3. 全部菇類受熱均勻後加入 A，煮滾後熄火，冷卻使其入味。

＊冷藏可保存約5天。

一次做好保存

燒賣和餛飩要一次做很多,而且馬上就要吃掉……其實並非如此!這些料理可以預先製作後保存。燒賣蒸熟後可以冷藏保存,餛飩則建議包好後冷凍,根據食物不同特性選擇保存方式。

放入蒸籠時,需保留一些間隔,避免餃子皮互相沾黏而破裂。冷藏保存的燒賣可以用蒸籠等重新加熱,依然能保持美味。

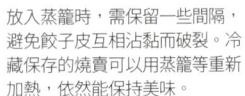

13 菇菇豬肉燒賣

店裡的招牌料理燒賣比一般的燒賣大。春天會加入竹筍和蕗芽,夏天會加入玉米和青紫蘇,秋天會加入蘑菇,冬天則加入蟹肉,每個季節都使用當季食材製作。

材料（約15個）

- 豬絞肉　250g
- 鴻喜菇　70g
- 洋蔥　½顆
- A
  - 蛋（打散）　½顆
  - 薑泥　8g
  - 太白粉　50g
  - 西京味噌　18g
  - 醬油　2小匙
  - 酒、芝麻油　各1½大匙
  - 糖、鹽　各1小匙
- 燒賣皮　15片
- 日式黃芥末醬、醬油　適量

1. 鴻喜菇切去底部,將菇一根一根剝開,從中間對半切,上半段拿來裝飾用,下半段切碎。洋蔥也切碎。
2. 在平底鍋中加入少許沙拉油（不包含在材料內）,加熱後放入切碎的菇和洋蔥,炒至微金黃,並撒少許鹽和胡椒（不包含在材料份量內）調味。將炒好的材料放在盤中冷卻。
3. 將豬絞肉、**2**、**A**混合攪拌至均勻,靜置冷藏30分鐘會更入味（可以的話靜置一天）。
4. 取燒賣皮,包裹**3**的內餡（大約一顆40g）,並在中央插入裝飾用的菇。
5. 將包好的**4**放入蒸籠,中間要有間隔以免沾黏。以中火蒸約7分鐘。
6. 盛盤並附上日式黃芥末醬與醬油。

＊蒸熟後冷藏,可保存約3天。

16

餛飩外皮滑嫩可口，淋上薑汁醬油，就是一口大小的下酒菜。水煮的時間也很短，意外地能輕鬆製作。

材料（約30個）

A
- 豬絞肉　200g
- 長蔥　30g
- 香菇　30g
- 竹筍（煮熟）　15g
- 薑汁　1小匙
- 酒　1小匙
- 醬油　2小匙
- 芝麻油　2小匙
- 胡椒　少許

- 餛飩皮　30片
- 白蘿蔔芽　30g
- 薑絲　10g
- 醬油　1小匙
- 沙拉油　1大匙多

1. 長蔥、香菇及竹筍切碎。在料理碗中把 **A** 拌勻。
2. 將適量的 **1** 放在餛飩皮中央（1顆約10g的量），沿邊緣抹上水，對折成三角形，壓緊排出空氣。
3. 將餛飩放入煮沸的熱水中，煮2〜3分鐘後撈起擺盤。
4. 混合切掉根鬚的白蘿蔔芽、薑絲和醬油，淋上加熱的沙拉油。
5. 在 **3** 上面淋上適量的 **4**。

＊包好的餛飩可冷凍，保存約2週。

只要把肉放在餛飩皮中間，對折成三角形即可，所以非常簡單。在這種狀態下冷凍保存，要吃的時候可以直接下鍋煮。

14　餛飩佐白蘿蔔芽薑汁醬油

大野的料理與酒類搭配指南

（啤酒、日本酒、檸檬沙瓦、Hoppy）

大野先生經營三間以日本酒、檸檬沙瓦與Hoppy為主題的店鋪，在這裡介紹每款酒的特色以及適合搭配的料理。

搭配料理和酒時，重點不在於酒的種類，而是味道的強度。這樣選比較簡單易懂。基本上，味道濃烈的酒適合搭配重口味料理，溫和的酒則適合搭配溫和的料理。

苦味和酸味是很強烈的味道，搭配更濃郁的料理，就可以平衡口腔中的味覺。然而，若長時間吃重口味料理並搭配濃烈酒品，容易感到疲乏。這個時候，濃郁的酒可以加氣泡水或清水稀釋。

味道的基本構成要素為甜味、鹹味、酸味、苦味與鮮味。其中日本酒味道平衡，不會太濃烈，因此適合搭配各種料理。檸檬沙瓦與Hoppy酸味適中，當作餐中酒也很適合。

● 啤酒

一般啤酒苦味強烈，因此適合搭配能與其抗衡的重口味料理。譬如說炸物、使用大量蒜頭的料理等。帶有特殊風味的精釀啤酒除了苦味還有更多風味，直接飲用可以享受豐富的味道。

● 日本酒

融合了鮮味、甜味與酸味，幾乎不帶苦味。生酒等濃郁的酒適合搭配起司等味道濃郁的食材，但味道單純的酒，就要搭配味道單純的料理，像是鹽漬、昆布、柴魚與醬油的料理。

● 檸檬沙瓦

酸味、甜味、苦味均不強，清淡的風味與料理更為契合。譬如說甜味、酸味、苦味都很強的雞尾酒，本身就已經很豐富，所以較難搭配料理。有留白的空間，才適合搭配料理。

● Hoppy

沒有香味的清淡甲類燒酎，加上啤酒風味飲料製成的Hoppy。味道比啤酒溫和清爽，搭配的料理幾乎和啤酒一樣，但不需要像搭配啤酒那樣味道那麼重。

18

極品檸檬沙瓦 & Hoppy 的製作方法

「酒肆一村」的招牌是檸檬沙瓦,「酒房蠻殼」則是Hoppy,都很受客人歡迎。兩種飲品的關鍵字都是「冰涼」。重點在於無論是酒、兌酒的飲料還是玻璃杯,都要徹底冷卻,這樣能提升飲品的口感和清爽度。

極品檸檬沙瓦

這是「酒肆一村」的特色作法,不使用燒酎,而是選擇琴酒,搭配通寧水和少量氣泡水製成。口感帶有柔和的酸味和適度的甜味,十分適合搭配各種料理的檸檬沙瓦。

材料(1杯份)
琴酒(Beefeater) 45ml
通寧水 125ml
氣泡水 20ml
檸檬汁 10ml
檸檬皮 適量

1 將酒杯與琴酒放入冷凍庫冰鎮,通寧水、氣泡水與檸檬汁放入冰箱冷藏。
2 酒杯裝滿冰塊後倒入琴酒,用攪拌棒混合均勻後依序倒入通寧水、氣泡水與檸檬汁。最後再緩慢倒入少量氣泡水(不包含在材料份量中)以提升入口的氣泡感。
3 擠壓檸檬皮釋放香氣,並用檸檬皮摩擦杯口或拿杯子的位置,最後放入杯中裝飾。

極品 Hoppy

「酒房蠻殼」的Hoppy堪比精釀啤酒。不加冰塊,還會在最後加入泡沫。兌酒用的燒酎經過多番嘗試,發現使用金宮燒酎最佳。

材料(1杯份)
金宮燒酎 45ml
Hoppy(白或黑) 300ml

1 將玻璃杯與金宮燒酎放入冷凍庫充分冷卻,Hoppy則置於冰箱冷卻。
2 在玻璃杯中倒入金宮燒酎,接著注入Hoppy(不加冰)。開始時從高處倒入製造泡沫,泡沫生成後傾斜杯子,慢慢倒入剩下的酒。

渡邊真紀的
簡單涼拌蔬菜小菜

利用家中現有的食材與調味料，快速拌一拌，即可完成下酒小菜。下酒菜就是要這樣輕鬆製作，才能一直反覆端上桌。

渡邊女士擅長食材搭配，即便是簡單樸素的蔬菜也能帶來驚喜。

日常的食材加上一些帶有香氣的配料，就是美味的關鍵字。

渡邊眞紀

料理家。2005年創立「薩爾維亞餐廳」，正式開始料理事業。她善用當季食材，簡單又精緻的食譜廣受歡迎，活躍於雜誌、書籍、廣告及電視等媒體領域。同時，她的好品味也吸引眾多粉絲追隨。

1 豆腐拌蓮藕榨菜

榨菜是亮點

→食譜：p.24

2 泰式酸辣茄子小黃瓜

清爽的東南亞風味

→食譜：p.24

3 山椒風味酪梨拌烤舞菇

絕妙的組合

→食譜：p.25

4 孜然拌花椰菜馬鈴薯

異國風情馬鈴薯沙拉

→食譜：p.25

1 豆腐拌蓮藕榨菜

加入鹽漬榨菜，讓平常的涼拌豆腐變得耳目一新，只需少量醬油調味即可。

材料（2人份）
蓮藕　150g
榨菜（鹽漬）　20g
木綿豆腐／板豆腐　½塊（150g）
白芝麻　1大匙
料理酒　1大匙
淡口醬油　2小匙

1. 豆腐用2倍重物壓30分鐘，瀝乾水分。
2. 榨菜切薄片，浸泡於水中10分鐘去鹽，然後切末。蓮藕去皮，切成2mm厚的半圓形薄片，泡水備用。
3. 將蓮藕放入加了料理酒的沸水中煮1分鐘，撈起瀝乾。
4. 用研磨缽磨碎白芝麻，加入1與淡口醬油，搗成泥狀。
5. 將3和2加入，拌勻後盛盤，撒些許白芝麻（不包含在材料份量內）。

在磨芝麻的研磨缽中直接加入其他材料混合，使用小型研磨缽更方便製作。

2 泰式酸辣茄子小黃瓜

用清爽、鮮味濃郁的醬汁搭配夏季蔬菜，讓人食慾大開！

材料（2人份）
茄子　2根
小黃瓜　1根
蝦米　20g
紫洋蔥　¼顆
A｜魚露　2小匙
　｜萊姆汁　1大匙
　｜紅辣椒（切小段）　1～2根
　｜砂糖　1小匙

1. 茄子表皮劃刀後，用烤網或烤魚架大火烤至表皮焦黑，取出泡冷水，剝皮並擦乾水分。
2. 小黃瓜對半切，挖去籽，斜切成7～8mm的厚片。
3. 蝦米用溫水浸泡10分鐘，瀝乾後與A混合，靜置讓味道融合。
4. 紫洋蔥切薄片，泡水3分鐘後瀝乾。
5. 將1撕成適當大小，與2、4一同加入3中拌勻，裝盤後可以擠些萊姆汁（不包含在材料份量內）。

4 孜然拌花椰菜馬鈴薯

花椰菜與馬鈴薯一起煮透，輕盈綿密的口感，搭配孜然增添異國風味，十分誘人。

材料（2人份）
花椰菜　¼顆（150g）
馬鈴薯　1顆（150g）
大蒜　½瓣
孜然籽　1小匙
白酒　少許
鹽　適量
檸檬汁、橄欖油　各1大匙

1 花椰菜分成小朵，馬鈴薯去皮切成2cm的小丁。
2 將花椰菜、馬鈴薯與大蒜放入鍋中，加白酒、鹽和水，沒過食材，以中火燉煮。
3 煮沸後轉小火7～8分鐘煮到食材變軟。倒掉水，再以小火加熱收乾多餘水分。
4 孜然籽以平底鍋炒香後倒入 **3** 的鍋中，加入⅓小匙的鹽、檸檬汁與橄欖油拌勻。

3 山椒風味酪梨拌烤舞菇

綿密的酪梨包圍香氣濃郁的烤舞菇，搭配酸爽的酢橘與魚露，風味更加突出。

材料（2人份）
舞菇　80g
酪梨　½顆
鹽　¼小匙
A｜魚露　1小匙
　　酢橘汁（或其他酸味柑橘科果汁）　1小匙
　　芝麻油　2小匙
山椒粉　少許

1 舞菇撕成適當大小。
2 平底鍋加少許芝麻油（不包含在材料份量內），中火加熱後放入 **1**，壓扁煎至焦香，撒鹽調味。
3 酪梨去籽去皮，切成2cm小丁。
4 將 **2**、**3** 與 **A** 拌勻，裝盤後撒少許山椒粉。

5 梅子蘿蔔泥拌雞胸肉香料蔬菜

使用顆粒比較粗的蘿蔔泥,會讓蘿蔔口感更明顯,清爽的香味非常適合當作下酒菜。

材料(2人份)

雞胸肉　2塊
白蘿蔔　200g
山芹菜　½把
茗荷　1個
梅乾　2顆(15g)
料理酒　1大匙
醬油　1小匙
白芝麻　1小匙

1. 雞胸肉去筋,放入加料理酒的滾水中煮1分半,關火並浸泡至冷卻。
2. 山芹菜切成2cm長的小段,茗荷切薄片後快速過水。
3. 白蘿蔔磨成粗泥,加入去籽切碎的梅乾、**2**、醬油和白芝麻拌勻。
4. 將**1**撕成適口大小,加入**3**混合拌勻即可。

6 花椒香菜拌羊肉

濃郁的羊肉搭配香菜與花椒的香氣，
三者交融出完美風味。

訣竅就是香菜最後加，用湯匙輕輕拌勻以免壓碎。

材料（2人份）

羊肉片（燒烤用）　150g
香菜　70g
蒜頭（壓碎）　1瓣
花椒　1大匙
鹽　½小匙
芝麻油　2小匙

1. 羊肉撒少許鹽（不包含在材料份量內）調味。
2. 平底鍋放入花椒，小火炒香，然後用研磨缽搗碎，混入鹽備用。
3. 在同一平底鍋加入蒜頭與芝麻油，中火加熱至香氣釋出後，放入1煎至表面金黃。
4. 將3切成1cm寬，與2、切段的香菜混合，用湯匙拌均勻。

7 蔥拌韓式辣醬白肉魚

利用市售切片生魚片，加點創意就能做成美味韓式下酒菜。
只需要拌勻就能完成，簡單又快速。

材料（2人份）

白肉魚（生魚片用） 150g
細青蔥 2根
松子（磨碎） 1大匙
A ｜ 薑泥 ½片
　｜ 韓式辣醬 1½小匙
　｜ 黑醋 1小匙
　｜ 醬油 1小匙
　｜ 芝麻油 1小匙

1. 白肉魚用廚房紙巾吸乾表面水分。
2. 細青蔥斜切成5mm寬。
3. 將 A 與一半的松子混合均勻，加入 1 與 2 拌勻。裝盤後，撒上剩餘的松子裝飾即可。

8 白味噌拌干貝水芹

干貝的柔和鮮味和白味噌的溫潤香氣很搭，
春季改用油菜花也別具風味。

先攪拌好調味料，再和食材輕輕拌勻。

材料（2人份）
干貝（生食用） 4顆
水芹 50g
料理酒 少許
A ｜ 白味噌 2大匙
　　砂糖 1小匙
　　醋 1小匙
　　淡口醬油 1小匙
白芝麻 少許

1. 將干貝放入加料理酒的沸水中煮20秒後撈起，浸入冰水冷卻，撈起擦乾水分。
2. 水芹切成2cm小段。
3. 將**A**混合均勻後，加入切成2cm小丁的**1**與**2**拌勻，盛盤後撒上白芝麻即可。

10 牛蒡與生薑韓式涼拌菜

薑與酢橘的清新感，讓口感清爽不膩。適合當作解膩的配菜，不妨一次多做一點備用。

材料（2人份）

牛蒡　½根（100g）
薑　1小塊
醋　1大匙
鹽　⅓小匙
芝麻油　2小匙
酢橘　1顆
白芝麻　少許

1. 牛蒡刮除外皮後切成細條，放入水中浸泡。薑切絲後也泡水備用。
2. 滾水中加入醋，放入牛蒡煮2分半後瀝乾並擦乾水分。
3. 趁**2**還溫熱時，加入薑絲、鹽、芝麻油，擠入酢橘汁拌勻。裝盤後放上酢橘薄片（不包含在材料份量內），撒上白芝麻即可。

9 戈貢佐拉起司醬拌小芋頭

綿密的小芋頭與戈貢佐拉起司的濃郁香氣相融合，組合成極品下酒菜。
起司鹹味較低，香氣卻更加突出。

材料（2人份）

小芋頭　3顆（200g）
戈貢佐拉起司（或其他白霉起司如卡門貝爾）　80g
檸檬汁　1大匙
鹽　少許
橄欖油　1大匙
粗粒黑胡椒　少許

1. 小芋頭洗淨後放入蒸籠中蒸12分鐘，趁熱剝皮。
2. 將蒸好的**1**放入碗中稍微壓碎，趁熱加入撕碎的戈貢佐拉起司、檸檬汁、鹽和橄欖油拌勻。
3. 盛盤後撒上黑胡椒即可。

將各式下酒菜用小碟子盛裝，和酒一起擺放於托盤中，享受片刻的放鬆時光。

製作鹽揉蔬菜

鹽揉蔬菜對製作下酒菜很有幫助。不僅可直接食用，也能搭配其他調味料享用。請試著尋找自己喜歡的吃法吧！

使用鹽揉高麗菜

變化 1 巴西里杏仁醬拌高麗菜

變化 2 柚子胡椒拌高麗菜鮪魚

使用鹽揉西洋芹

變化 3 半熟蛋優格醬拌西洋芹

變化 4 醋拌西洋芹蘿蔔乾小魚

將西洋芹加入濃稠的蛋黃與優格醬中享用。

32

鹽揉高麗菜

冷藏可保存約3天。

材料（方便製作的份量）與作法
1 高麗菜⅓顆（300g），切成細絲，放入大碗中。
2 加入鹽½小匙攪拌均勻，靜置10分鐘，直到高麗菜變軟，輕輕擠乾水分。

12 柚子胡椒拌高麗菜鮪魚

搭配經典的鮪魚，但是加入有亮點的調味，呈現出耳目一新的口感。

材料（2人份）
鹽漬高麗菜　100g
鮪魚罐頭　1罐（70g）
柚子胡椒　1小匙
黑醋、芝麻油　各2小匙
黑芝麻　少許

1 鹽揉高麗菜水分擠乾，鮪魚罐頭瀝去油分。
2 碗中混合柚子胡椒、黑醋與芝麻油，加入**1**拌勻。盛盤後撒上黑芝麻即可。

11 巴西里杏仁醬拌高麗菜

搭配經典的鮪魚，但是加入有亮點的調味，呈現出耳目一新的口感。

材料（2人份）
鹽揉高麗菜　100g
巴西里（切末）　2大匙
杏仁　20g
檸檬汁、橄欖油　各1大匙
鹽　少許

1 鹽揉高麗菜水分擠乾。
2 碗中加入**1**、巴西里、大致切碎的杏仁、檸檬汁、橄欖油與少許鹽，輕輕拌勻即可。

鹽揉西洋芹

冷藏可保存約3天。

材料（方便製作的份量）與作法
1 西洋芹2根（250g），去除粗纖維後斜切薄片，將10片芹葉切絲。
2 將切好的**1**放入大碗，加入鹽⅔小匙，攪拌均勻，靜置約10分鐘至變軟，輕輕擠乾水分即可。

14 醋拌西洋芹蘿蔔乾小魚

日式風味的涼拌菜，可當作日常配菜，是令人安心的料理。可以提前做好備用。

材料（2人份）
鹽揉西洋芹　100g
蘿蔔乾絲、魩仔魚　各20g
薑絲　1小塊
A｜黑醋　1½大匙
　｜鹽　¼小匙
　｜醬油　1小匙

1 蘿蔔乾用流水搓洗乾淨，水沒過食材泡水7分鐘，擠乾水分。
2 西洋芹擠乾水分後與**1**、魩仔魚、薑絲一同放入碗中。
3 加入**A**拌勻後即可。

13 半熟蛋優格醬拌西洋芹

將半熟蛋提前煮好，就能快速完成這道菜。外觀精緻，盛盤會很漂亮。

材料（2人份）
鹽揉西洋芹　80g
半熟蛋　2顆（用沸水煮7分鐘，冷卻後去殼）
A｜無糖原味優格　1大匙
　｜檸檬汁　1小匙
　｜蒜泥　少許
　｜鹽　⅓小匙
香菜粉　少許

1 西洋芹擠乾水分，盛入盤中。
2 放上剝殼後的半熟蛋，淋上拌勻的**A**，最後撒上香菜粉即可。

COLUMN 1 ｜ 快速上桌下酒菜

從快速蔬菜料理到手拿輕食，每道料理都可以輕鬆完成。
份量不需精確，依照喜好調整即可！

飛田

味噌奶油法國麵包

只需在法國麵包抹上味噌和奶油即可。
發酵過的奶油更有風味。
法國麵包可以烤也可以不烤。

材料與作法

法國麵包切片。在每片法國麵包上塗抹適量味噌和發酵奶油即可。

米莫萊特起司油拌新鮮花椰菜

用刨絲器薄切生花椰菜，生食也很清脆，
鮮艷的白色與橙色，視覺上非常漂亮。

材料與作法

1. 花椰菜整塊用刨絲器薄切後放入盤中，盛盤之後灑上少許鹽與檸檬汁。
2. 在花椰菜上刨米莫雷特起司、淋上橄欖油、撒上粗磨黑胡椒即可。

渡邊

冷水

海苔捲秋葵

海苔、秋葵、韓式辣醬。
口中結合三種口感。
三種食材的味道相得益彰。

材料與作法

1. 秋葵汆燙後用刀剁碎。
2. 將1鋪在海苔上，放上一點混合韓式辣醬和芝麻油的醬料，捲起來吃。

青蔥石蓴豆腐

蔥油可以用微波爐快速完成,搭配柴魚片就是一道下酒菜,
搭配雞肉火腿或魚板也很美味。

材料與作法

1. 九條蔥(或長蔥、細蔥)斜切成薄片。
2. 將1、青海苔、醬油與太白胡麻油放入耐熱碗中,用微波爐加熱約2分鐘。
3. 嫩豆腐盛入盤中,淋上加熱好的2,最後撒上柴魚片即可。

＊方便製作的蔥油比例:每40g蔥搭配石蓴3g、醬油2小匙、太白胡麻油40g。

大蒜油拌小黃瓜西洋芹

蒜香調味料拌新鮮蔬菜,也可嘗試芝麻油,味道會截然不同。

材料與作法

1. 小黃瓜與西洋芹切成約5公分長的薄片。
2. 將蒜泥、鹽、粗粒黑胡椒與適量橄欖油混合。
3. 將2加入1攪拌均勻即可。

豬肝醬抹法國麵包

法國麵包上抹滿豬肝醬,
稍加烘烤就會入口即化。

材料與作法

1. 法國麵包切成約1公分厚的片狀,在每片上塗抹芥末籽醬與適量市售豬肝醬。
2. 放入烤箱烘烤約3～4分鐘,取出後撒上紅辣椒粉與粗粒黑胡椒即可。

上田淳子的
十分鐘熱騰騰小菜

不到一頓晚餐主餐的程度，少量就能輕鬆製作的料理，馬上就能配酒吃。
從正宗的西式料理到熟悉的家常菜，上田淳子女士源源不絕的靈感，可以讓您滿足這些願望。

因為量少又能馬上做好，平底鍋和鍋具都選擇小尺寸即可。
還有不需瓦斯爐，只用烤箱烘焙的輕鬆作法，讓您隨時能端上佳餚。

上田淳子

料理家。畢業於辻學園調理技術專門學校，專攻西餐、點心與麵包技術。畢業後進入該校擔任西餐研究員，隨後赴歐洲進修。曾在瑞士與法國多家餐廳進修約3年。回國後獨立創業，從法式高級料理到家常菜，擅長的領域很廣。

1 辛香料炒豬絞肉

只需要煎熟即可

→食譜：p.40

2 起司脆煎雞胸肉

小酒館的美味

→食譜：p.40

③ 蝦仁炒蛋

祕訣在於炒得鬆軟

→食譜：p.41

④ 芝麻油炒海帶香蔥

炒過也好吃

→食譜：p.41

1 辛香料炒豬絞肉

豬絞肉不捏成形，直接剝成小塊煎煮，煎出隨機的邊緣焦痕。咖哩香氣四溢，偶爾跳出孜然籽風味更讓人驚喜。

材料（2人份）
豬絞肉　150g
黃甜椒　1/3 個
鹽　1/4 小匙
黑胡椒　少許
孜然籽　1/4 小匙
咖哩粉　1/2 小匙
沙拉油　1 小匙

1 將豬絞肉、鹽、黑胡椒、孜然籽與咖哩粉放入塑膠袋中，揉捏至有黏性。黃甜椒切成一口大小。
2 平底鍋加入沙拉油，用手撕下 **1** 直接放入鍋中。開中火加熱，將甜椒放在空隙處，翻面後煎 4～5 分鐘直至熟透並帶有焦黃色。

肉煎至金黃後翻面。有一點焦香味就是美味的保證。

2 起司脆煎雞胸肉

煎得金黃酥脆的起司包裹雞肉，是一口大小的酒館風格下酒菜。

材料（2人份）
雞胸肉　1 塊
披薩用起司　40g
鹽、胡椒　各少許
沙拉油　1 小匙

1 雞胸肉去筋，斜切成 6 等分，撒上少許鹽與胡椒（起司已經有鹹度，撒少許鹽即可）。
2 平底鍋加入沙拉油並加熱，將起司分成 6 等分放入鍋中，雞胸肉放在起司上，蓋上鍋蓋煎 1～2 分鐘，直到雞肉熟透。
3 打開鍋蓋，待起司邊緣金黃酥脆時翻面，另一面稍微煎過即可。

起司邊緣變得酥脆時，就是翻面的時機。注意不要把另一面煎過頭。

一口尺寸剛剛好。一口小菜一口紅酒，品嚐微小的幸福。

④ 香蔥芝麻油炒海帶

簡單用香油與醬油炒過海帶，
就帶來意外的美味，讓人停不下來。

材料（2人份）
鹽漬海帶　80g
青蔥　5cm
薑泥　少於1小匙
香油　½大匙
醬油　少許

1. 海帶洗去鹽分，泡水至軟化後切成適當大小。青蔥切小段備用。
2. 在平底鍋以中火加熱香油，加入海帶與薑泥快速翻炒，最後加入青蔥與少許醬油調味即可。

③ 蝦仁炒蛋

蛋液緩慢攪拌至半熟就要馬上關火，
這就是雞蛋蓬鬆柔軟的關鍵。

材料（2人份）
去殼蝦　8尾（100g）
雞蛋　2顆
蒜泥、生薑泥　各少許
鹽、胡椒　各少許
香油　½大匙

1. 雞蛋打散，加入鹽與胡椒調味。蝦仁洗淨擦乾水分。
2. 在平底鍋加熱香油，放入蒜泥與薑泥，開中火爆香後加入蝦仁，煮熟後緩緩倒入蛋液，輕輕翻拌至半熟即可裝盤。

5 奶油燉牡蠣

用白酒蒸熟牡蠣，
只需要加入鮮奶油，
濃郁的美味完美呈現牡蠣的精華。

材料（2人份）

牡蠣（加熱用，去殼）　8顆
長蔥　50g
白酒　2大匙
鮮奶油（乳脂肪40%左右）　50ml
鹽、胡椒　各適量

1. 將牡蠣放入碗中，加入約1小匙的太白粉（不含在材料表內）與少量清水，用手輕輕攪拌至太白粉均勻附著於牡蠣上。當太白粉呈灰濁色時，用清水沖洗乾淨並瀝乾。長蔥切斜薄片。

2. 將1與白酒放入鍋中，蓋上鍋蓋以中火加熱約1分鐘，待牡蠣鼓起時打開鍋蓋。若鍋內湯汁仍多，可繼續煮至湯汁收乾，然後加入鮮奶油，煮至醬汁濃稠。最後以鹽和胡椒調味即可。

雖然醬汁需要煮到濃稠，但牡蠣煮過頭會變硬，可以先將牡蠣取出後再繼續加熱。

6 油炸蝦仁吐司

經典泰式料理月亮蝦餅的改良版，
以薄片吐司製作，就能快速炸出香脆的口感。

材料（2人份）
去殼蝦　80g
香菜（切碎）　1大匙
吐司（三明治用）　1片
沙拉油　適量

1. 蝦仁稍微清洗後用廚房紙巾擦乾。放在砧板上切碎，用刀背剁成糊狀，加入香菜拌勻。
2. 吐司切成4小塊，將1均勻塗抹在每塊吐司上。
3. 在平底鍋倒入量多一點的沙拉油，以中火加熱。油熱之後將吐司塗抹蝦泥的一面朝下放入鍋中煎至金黃，再翻面煎至另一面酥脆即可。

採用「煎炸」的方式而非油炸，用小平底鍋可以節省用油量。

7 燉麻辣豆腐

宛如無肉版的麻婆豆腐，
想吃得清淡又健康的時候，
反而適合這個版本。

材料（2人份）
木綿豆腐／板豆腐　150g
青蔥（切末）　2大匙
蒜頭（切末）　1小匙
薑（切末）　1小匙
香油　2小匙
味噌　1大匙
味醂　1大匙
醬油　1小匙
辣油　適量
花椒（或山椒粉）　依個人喜好加入

1　將豆腐用廚房紙巾包裹，壓上中型盤子靜置5分鐘，去除多餘水分。
2　在小鍋內加入香油、長蔥、蒜頭、薑，以中火加熱至散發香氣，接著加入1大匙水、味噌、味醂與醬油拌勻。
3　將 **1** 的豆腐切成小塊放入鍋中，輕輕燉煮至入味。最後加入辣油與花椒即可盛盤。

8 炸蘑菇

一口大小的炸蘑菇，
用小鍋油炸最為合適，
作法簡單，一定要試試看。

材料（2人份）
蘑菇　100g
低筋麵粉　3大匙
蘇打水（或啤酒）　2½～3大匙
鹽、胡椒　各少許
油炸用沙拉油　適量

1　蘑菇對半切。將低筋麵粉、蘇打水、鹽與胡椒混合成麵糊。

2　小鍋內倒入適量油，加熱至約170℃，將蘑菇裹上1後放入油鍋炸至酥脆即可。

油炸料理只要多放點油，就可以快速做好。適合搭配啤酒，美味毫不遜色。

烤蛋盅

10 用湯匙挖一勺濃稠的雞蛋醬汁。
剩下一點鮮奶油的時候，
馬上就能派上用場。

材料（2人份）
雞蛋　2顆
鹽、胡椒　各少許
鮮奶油　2大匙
起司粉　1小匙

1 在耐熱容器（如小烤盅）內各打入一顆雞蛋，撒上鹽與胡椒，倒入鮮奶油，最後均勻撒上起司粉。
2 放入小烤箱烤約5分鐘，至表面微焦且雞蛋呈半熟狀態即可。

烤蒜香小干貝

9 只需要將香蒜奶油放在上面烤熟即可。
將干貝改成蝦子也很美味。
適合搭配紅酒。

材料（2人份）
小干貝　8～10顆
蒜頭（切末）　1小匙
巴西里（切碎）　1大匙
核桃（切末）　1大匙
奶油　20g

1 奶油在室溫靜置軟化，混入蒜末、巴西里與核桃拌勻。
2 干貝放入耐熱容器（如小烤盅），均勻鋪上 **1** 的奶油。
3 放入小烤箱烤至奶油融化並呈金黃色即可。

46

烤番茄五花肉捲

12 只需要用小烤箱烘烤即可，非常簡單，不需要花功夫。用點心籤串起來就是漂亮小點心。

材料（2人份）
小番茄　6顆
五花薄切豬肉　3片
鹽、胡椒　各少許

1. 豬肉切成對半長度，撒上鹽與胡椒調味，將去蒂的小番茄用豬肉捲起來。
2. 烤盤鋪上鋁箔紙，將捲好的**1**收口朝下擺放，放入小烤箱，烤約8〜10分鐘至豬肉熟透即可。

迷你法式三明治

11 不選擇披薩用的起司，而是用整塊的起司磨碎，光是這樣味道就會變得很正宗。做成小塊狀，就是恰到好處的下酒菜。

材料（2人份）
三明治吐司　2片
火腿　2片
格呂耶爾起司（或使用康堤起司、艾登起司）　40g
奶油　少許
粗粒黑胡椒　少許

1. 將起司刨磨成絲，或切成細小碎塊。
2. 吐司對半切，抹上薄薄一層奶油。把火腿夾在兩片吐司之間，製作成兩個小三明治。
3. 烤盤鋪上鋁箔紙，將**2**放在上面，撒上起司後放入烤箱，烤約5分鐘，烤至吐司上色。將三明治對半切開，擺盤後撒上粗粒黑胡椒。

西式起司茶碗蒸

14 以法式皇家高湯爲基底的西式茶碗蒸。加入起司，做成小份量的下酒菜。

材料（2人份）
雞蛋　1顆
西式高湯粉（顆粒狀）　1小匙
再製起司（可選擇喜歡的起司）　12g×2塊
粗粒黑胡椒　少許

1. 將高湯粉與120ml的水放入鍋中加熱。高湯粉融化後關火，放涼備用。
2. 蛋打散後加入放涼的**1**拌勻。
3. 在耐熱容器內各放入一塊起司，倒入過濾後的**2**，蓋上鋁箔紙。在鍋中鋪上廚房紙巾，將容器放入。加水至容器一半高度，蓋上鍋蓋以中火蒸煮。水滾後轉小火，微微開蓋留縫，蒸約5～8分鐘至熟透，取出後撒上黑胡椒即可。

菇菇培根湯

13 這是能夠引出鮮味的食材組合，能快速上桌又美味，剩下的湯隔夜也能享用。

材料（方便製作的份量）
菇類（如鴻喜菇、香菇）　150g
培根（薄切）　50g
洋蔥　50g
橄欖油　½大匙
西式高湯粉　1小匙
鹽、胡椒　適量

1. 鴻喜菇分成小塊，香菇切成4等分，洋蔥切薄片，培根切成5mm寬的條狀。
2. 在鍋中加入培根與橄欖油，用中火炒香後加入菇類與洋蔥，稍微翻炒。加入2杯水與高湯粉，煮滾後轉小火煮約3分鐘，最後以鹽與胡椒調味即可。

上田女士的料理與酒類搭配指南

〔葡萄酒篇〕

每年造訪法國的上田女士，偏愛經典風格的葡萄酒。這次請她分享適合居家小酌的葡萄酒，以及適合搭配的料理。

在餐廳能夠依照每道料理精確配對葡萄酒，在家裡就沒辦法做到了。在家用一瓶酒搭配多道菜時，挑選合適的葡萄酒往往令人困惑。需要注意的一點，就是味道特殊的酒款適合單獨飲用。水果味、香味、甜味明顯的酒款中，清爽的白酒或輕盈的紅葡萄酒就適合搭配料理。每瓶價格在台幣 200 至 700 元即可滿足需求。剩餘的酒可密封保存，2～3 天內仍可享用。

接下來的技巧比較高級，用不同的酒杯可以品嚐出不同的味道。比起細長的酒杯，圓潤的酒杯香氣聞起來更加馥郁。

● 氣泡酒

氣泡酒幾乎能與蔬菜、魚類、肉類甚至甜點等任何料理搭配。建議一開始使用冰鎮的細長香檳杯飲用，稍後可換成口徑較大、有厚重感的酒杯，一瓶酒就能品嘗豐富層次。

● 白酒

白酒尤其適合與西式料理以外的各式料理搭配，選擇帶有柑橘香氣的乾型白酒，像是夏多內（Chardonnay）或白蘇維濃（Sauvignon Blanc）。需注意白酒過冷會導致口感變得過於銳利，稍微回溫至常溫能帶出其圓潤的風味，不妨試著品嘗風味的變化。

● 紅酒

濃郁的紅酒適合搭配紅肉料理，但意外地不太適合多數菜餚。較輕盈的紅酒比較百搭，像是黑皮諾（Pinot Noir）。即使溫度略低也好喝，所以適合搭配前菜這種冷盤。

● 粉紅酒與橘酒

粉紅酒與橘酒介於白酒與紅酒之間，風味百搭。像魚卵、醃鯖魚等氣味濃郁、油脂含量高的食材，搭配白酒、紅酒反而會覺得有腥臭味，但是粉紅酒與橘酒就沒有問題。這款酒也是百搭款。

飛田和緒的
下酒常備菜

利用當季美味食材，
用最簡單的料理方式，
帶來最不膩口的佳餚。

飛田和緒女士長年專注於用最少的調味料，
製作沁人心脾的常備菜，
這次她分享許多適合下酒的常備菜。

只需多做幾道簡單料理，用容器保存，
隨時盛在小碟子裡，
馬上就能開始享受晚間小酌。

飛田和緒

生於東京都。曾任職公司職員，後成為主婦。35歲後開始以料理家的身分活動。目前與丈夫及女兒組成三口之家。現居神奈川縣海邊小鎮，專注於挖掘當季食材的簡樸家庭料理。尤其擅長常備菜，深受民眾喜愛。

1 獨特風味
台風溏心蛋

→ 食譜：p.54

2 帶酸味的醬汁讓料理更輕盈
伍斯特醬燉煮雞肝

→ 食譜：p.54

3 油浸旗魚

濃郁又鬆軟

→ 食譜：p.55

4 水煮豬肉

用鹽與胡椒簡單調味

→ 食譜：p.55

1 台風溏心蛋

相較於日式滷蛋，台式茶葉蛋的外觀呈黑色，但味道卻不如顏色看起來那麼濃烈，反而是濃郁中帶著鮮味。

材料（方便製作的份量）

雞蛋　6顆

A｜烏龍茶（濃茶）　150ml
　｜醬油　80ml
　｜砂糖　30g
　｜蠔油、紹興酒　各1大匙
　｜八角　1顆
　｜五香粉　少許

1 將雞蛋放入滾水中煮5～6分鐘，撈出後置於冷水中冷卻再剝去蛋殼。如果煮5分鐘，蛋黃會呈現半熟狀態。
2 將A放入小鍋子，煮滾後冷卻。
3 將冷卻的2滷汁倒入保存容器，水煮蛋表面水分要用紙巾逐一擦乾，放入滷汁中浸漬。浸泡2～3小時即可入味，若想讓蛋黃口感更濃稠，可冷藏浸泡一晚。

＊食用時可搭配香菜等增添風味。
＊存放於冰箱可保存2～3天。

滷製期間偶爾翻動雞蛋，使其均勻上色。

2 伍斯特醬燉煮雞肝

使用伍斯特醬燉煮雞肝，
能賦予微酸的西式風味，
即使不愛內臟的人也能輕鬆接受。

材料（方便製作的份量）

雞肝　250g

薑　1大塊（約15g）

A｜伍斯特醬、酒　各¼杯
　｜醬油　½小匙
　｜砂糖　1小匙

1 將雞肝切成一口大小，放入冰水中浸泡，同時輕輕攪拌，去除雜質和血塊。撈出後迅速用厚廚房紙巾將水分吸乾。薑切薄片備用。
2 在小鍋中混合A，再加入處理乾淨的1。
3 以中火加熱至湯汁冒泡，轉小火並蓋上一層烘焙紙，再蓋上鍋蓋，燉煮15～20分鐘至入味。
4 關火後自然冷卻，倒入保存容器中保存。

＊冷藏可保存4～5天。

將雞肝壓碎製成雞肝醬，搭配法國麵包和酸奶油，成為絕佳的紅酒佐酒小菜。

④ 水煮豬肉

僅用鹽調味的豬肉，可以變化成中、西、日式料理。撒點粗鹽和胡椒就很美味，搭配佐料蔬菜也很適合。

材料（方便製作的份量）
豬肉塊（肩胛肉、五花肉等）　300g
鹽　3g（豬肉重量的1%）
料理酒　¼杯

1. 用廚房紙巾擦乾豬肉表面，均勻塗抹鹽，靜置1小時。
2. 豬肉放入鍋中，倒入料理酒和能完全浸沒豬肉的水加熱。
3. 煮至沸騰後轉小火，加蓋煮30分鐘。熄火後讓豬肉留在鍋中降溫，待冷卻後連同湯汁一起裝入保存容器。

＊要吃的時候按照個人喜好切片，稍微撒上粗鹽和粗粒黑胡椒。搭配芥末或日式黃芥末醬也很美味。也可以搭配P.56的醬油醃蘿蔔。
＊冷藏保存4〜5天。

③ 油浸旗魚

利用餘溫讓魚變熟，口感濕潤柔嫩，有別於市售的鮪魚罐頭，滋味高雅。

材料（方便製作的份量）
劍旗魚（切片）　4片（480g）
鹽　4.8g（旗魚重量的1%）
大蒜　1瓣
月桂葉　1片
橄欖油　適量

1. 廚廚房紙巾將劍旗魚擦乾表面水分，切成適合入口的大小。均勻撒上鹽，靜置約15分鐘，再將表面多餘的水分擦去。
2. 蒜切薄片備用。
3. 將1放入平底鍋或寬底鍋內，盡量不要重疊。撒上大蒜片，放入月桂葉，倒入橄欖油，油量略低於能覆蓋魚片的高度（約1½杯，依鍋具大小調整）。
4. 以中火加熱至油稍微冒泡後，將劍旗魚翻面，蓋上鍋蓋後熄火，利用餘溫使劍旗魚變熟。待油冷卻後，裝入保存容器冷藏。

＊食用時可搭配蒔蘿增添風味。
＊冷藏保存4〜5天。

辛香拌毛豆

6 毛豆本身不易入味，透過醃漬豆莢讓味道附著，一邊吸吮豆莢一邊吃毛豆會特別美味。

材料（方便製作的份量）
毛豆（帶豆莢）　500g
大蒜、生薑　各1塊
長蔥　15cm
韭菜　3根
青辣椒　2根
鹽　½小匙
醬油、香油　各2大匙

1 用剪刀修剪毛豆莢兩端。
2 撒上約1大匙鹽（不包含在材料份量內），搓揉靜置15分鐘，保留鹽分放入滾水煮至喜歡的熟度。
3 撈起瀝乾撒鹽，攤開冷卻。
4 大蒜、生薑切末，長蔥切碎、韭菜切細，青辣椒切成小圈備用。
5 在容器中混合**4**和醬油、香油，再加上**3**拌勻。靜置約1小時入味。

＊冷藏保存 2～3 天。

醬油醃蘿蔔

5 薄切的蘿蔔入味速度快，稍微醃漬後即可享用，請盡情享受清脆的口感。

材料（方便製作的份量）
白蘿蔔　300g
鹽　9g（白蘿蔔重量的3%）
砂糖　1大匙
醬油　1½大匙
花椒（可選）　適量

1 白蘿蔔削皮，用刨刀削成約1.5mm的圓形薄片。撒鹽稍微拌一拌，靜置20～30分鐘至出水變軟。
2 用清水快速沖洗**1**，擠乾多餘水分，與砂糖、醬油、花椒拌勻，裝入保存容器，醃漬半日即可。

＊冷藏保存 4～5 天。

> 如果有水煮豬肉（P.55），我喜歡和醃漬白蘿蔔一起夾著享用。

肉類、蔬菜和豆類，只要均衡地上桌，就會變成令人滿足的小碟下酒菜套餐。也要同時考量色彩和調味的搭配。

8 清燙高麗菜

利用當季蔬菜製作的清爽涼拌菜，吸滿高湯的味道。
十分適合當作下酒菜。

材料（方便製作的份量）
高麗菜　2～3片（約300g）
A｜高湯　2杯
　｜鹽　½小匙
　｜淡口醬油　1小匙

1. 將高麗菜去除中間的硬梗部分，切成薄片。柔軟的部分撕成適合入口的小塊。
2. 將1放入滾水中煮至適合的口感，撈起浸冷水並瀝乾水分。
3. 將A倒入鍋中加熱至鹽融化，倒入保存容器靜置冷卻。
4. 將瀝乾的高麗菜放入3中浸泡30分鐘。

＊食用時可撒上柴魚片增添風味。
＊冷藏保存2～3天。

7 炒牛蒡絲

這道菜的重點在於牛蒡絲切得越細越好。
是一道能夠盡情享受牛蒡爽脆口感的料理。

材料（方便製作的份量）
牛蒡　200g
芝麻油　1大匙
料理酒　20ml
砂糖　1大匙
醬油　20ml

1. 牛蒡先切斜薄片後再切細絲，放入水中浸泡約5分鐘，切得越細口感越佳。
2. 在鍋中倒入芝麻油，放入瀝乾水分的牛蒡，以中火拌炒。整體均勻裹上芝麻油後，加入料理酒和砂糖繼續拌炒，待砂糖融化後加入醬油，將湯汁炒至幾乎收乾。試吃如果覺得味道太淡，可再酌量添加醬油。

＊吃的時候可撒上白芝麻或七味粉。
＊冷藏保存約1週。

醬油煮豆皮

味噌紫蘇捲

10 薄薄抹上日式黃芥末醬提味，層層堆疊成迷你千層餅，做成一口大小的料理，常見的油炸豆皮也有新風味。

材料（方便製作的份量）
油炸豆皮（蓬鬆且易展開的種類）　4片
高湯　1杯
醬油、砂糖　各1大匙

1. 將豆皮切開攤成一片，再切成4等分。如果要做稻荷壽司，可以切成一半，做成口袋形狀，選擇需要的形狀即可。
2. 將**1**用熱水燙過去油，用篩子瀝乾水分。
3. 將高湯、醬油和砂糖倒入鍋中煮沸，再放入**2**。醬汁再次沸騰之後，蓋上鍋蓋，轉中小火煮約20分鐘。
4. 湯汁收乾之後關火，放冷吸收醬汁，冷卻後再裝入保存容器。

＊食用時可薄抹日式黃芥末醬，疊4～5片後切成一口大小，用牙籤固定。也可以用於稻荷壽司或豆皮烏龍麵。
＊冷藏保存3～4天。

9 以東北地方的鄉土料理紫蘇捲爲靈感，適合下酒或搭配白飯，做好備用一定廣受喜愛。

材料（約30捲）
核桃　30g
青紫蘇　30片
味噌　100g
砂糖　1～2大匙
料理酒、味醂　各1大匙
米油（或沙拉油）　少許

1. 核桃炒香後大致切碎。
2. 在小鍋中混合味噌、砂糖、料理酒及味醂，用偏弱的中火加熱，攪拌至濃稠光亮，加入核桃混合均勻，放涼備用。
3. 在紫蘇葉放上適量的**2**，捲起後每3～4捲一起以牙籤固定。
4. 平底鍋熱少許米油，以偏弱的中火將**3**煎至金黃。
5. 冷卻後連同牙籤裝入保存容器。剛煎好的時候比較柔軟，所以最好等冷卻後再移到容器保存。可根據味噌的味道增減砂糖的量。做得甜一點比較利於保存。

＊冷藏保存約1週。

11 茄子菇菇塔塔醬

這道菜可以輕鬆搭配麵包或餅乾，
適合搭配紅酒。
菇類的風味清爽，
令人一吃就上癮。

材料（方便製作的份量）

茄子　3根
菇類（蘑菇、香菇、鴻喜菇）　總共200g
大蒜　1瓣
鯷魚（魚片）　4〜5片
橄欖油　2〜3大匙
鹽　適量

1. 菇類切碎，或使用食物處理機打成細末。
2. 茄子去皮，輕輕抹上少許鹽後放入耐熱容器中，蓋上保鮮膜，放進微波爐中加熱3分鐘。用筷子夾夾看，若軟化即取出放涼。
3. 茄子放涼後，切成1cm的小丁，再用刀背剁碎。大蒜切成細末。
4. 鍋中加入大蒜與橄欖油，用小火加熱至大蒜有香氣，然後加入**1**，用中火炒至均勻。食材都裹上油脂之後，再撒上兩撮鹽，蓋上鍋蓋，用中小火蒸煮約5分鐘。
5. 當所有食材變得濕潤後，加入3片鯷魚繼續翻炒，試吃後若有需要可再加入剩餘的鯷魚，並用鹽調整味道。

＊食用時可塗抹在法國麵包上，並撒上撕碎的巴西里。也可以當作三明治內餡、搭配水煮蛋、短義大利麵。
＊冷藏保存約4〜5天。

60

材料（方便製作的份量）

小黃瓜　2根
紅甜椒（去蒂去籽）　½個
花椰菜　200g
西洋芹　½根
紅蘿蔔　½根

A ｜ 醋　1杯
　　 水　2杯
　　 鹽　1大匙
　　 砂糖　60～70g
　　 月桂葉　1片
　　 大蒜（切薄片）　1瓣
　　 黑胡椒（粒狀）　適量

1　將蔬菜切成適合食用的小塊，並迅速過熱水，瀝乾後擺在篩子上放涼。
2　將A放入鍋中加熱，沸騰後關火並放涼。
3　將1放入儲存容器中，倒入冷卻的2，浸泡2～3小時即可食用。

＊可冷藏保存1週。

在紅酒餐桌上，這道色彩鮮豔的經典醃漬菜不可或缺。
搭配起司與火腿，
就能馬上開啓美酒時光。

12 綜合醃漬菜

鹽漬山椒粒・醬油漬山椒粒

自製山椒粒保存食品

五～六月是日本新鮮山椒粒的產季，微辣口感和清爽香氣令人著迷。如果在市場裡看到，製作成保存食品，就能享用一整年。不需要多餘的食材，只要有食鹽、醬油、橄欖油即可。冷凍山椒粒隨時都可以在網路上購買，試著享受奢華的香氣吧。

材料

鹽漬	醬油漬
山椒粒　100g	山椒粒　100g
粗鹽　10g（10%）	醬油　100～130ml

1. 將山椒粒的枝枒去除，放入沸水中汆燙7～8分鐘，直到用手指捏起來感覺柔軟為止。撈出放入冷水中冷卻，過程中多次換水，浸泡30分鐘至1小時。如果完全去除澀味和辛辣感就失去山椒的風味了，所以這段期間可以隨時試吃，確認味道。
2. 將山椒粒平鋪在篩子上，去除多餘水分，再用廚房紙巾徹底擦乾。
3. 將山椒粒放入煮沸消毒的玻璃瓶中，加入鹽或醬油混合均勻。如果是鹽漬的話，偶爾搖一搖玻璃瓶讓鹽均勻分布。醬油漬則需要讓醬油沒過山椒。

油漬山椒粒

材料
山椒粒　10～15g
米油（或其他淡味油）　1/3～1/2杯

1. 將枝枒去除後的山椒粒放入乾淨的玻璃瓶中，倒入米油或沙拉油等味道清淡的油。靜置1週就會釋出香氣。

保存
三種作法都使用經煮沸消毒的容器存放，冷藏可保存1年。

使用方法
・鹽漬山椒粒：適合用於需要保留山椒粒綠色的料理，使用前輕輕洗去多餘的鹽分。
・醬油漬山椒粒：可用於醬油風味的燉煮料理，像是山椒魩仔魚。
・油漬山椒粒：當作香料油使用。炒麵很美味，也可以用於炒菜，或淋在食材上的點綴油。

剩下的山椒粒枝枒可壓碎泡入燒酎中，製作香氣濃郁的山椒燒酎，適合加冰塊飲用。

62

山椒粒製作料理

山椒胡蘿蔔

14 用山椒粒增添香氣，製作成清爽的和風沙拉。
胡蘿蔔不需擰乾，
保留適度水分會讓口感更加豐潤。

材料（方便製作的份量）
胡蘿蔔　2根（約300g）
鹽　3g（胡蘿蔔重量的1%）
鹽漬山椒粒　1～2小匙
芝麻油　1大匙

1. 胡蘿蔔切成細絲，撒上鹽後輕輕拌勻，靜置約20分鐘，待其軟化並釋放水分後，瀝去多餘水分，但不要擰乾。
2. 鹽漬山椒粒稍微沖洗，去掉多餘鹽分並擦乾水分，與**1**拌勻。如果山椒粒太鹹，可先浸泡於水中片刻後再使用。
3. 拌入芝麻油後裝入密封容器中保存。

＊冷藏可保存4～5天。若無鹽漬山椒粒，可用山椒粉或佃煮山椒粒代替。

山椒粒煮蒟蒻

13 只需拌入醬油漬山椒粒並稍微翻炒即可。
透過乾炒去除蒟蒻的腥味，
撕成小塊更容易入味。

材料（方便製作的份量）
蒟蒻　2塊（約400g）
醬油漬山椒粒　2小匙
醬油漬山椒粒的醬油　2小匙

1. 將蒟蒻用手或湯匙撕成一口大小的塊狀。
2. 將撕好的**1**放入鍋中，以中火乾炒，待表面變乾且水分收乾後，暫時關火。加入山椒粒及醬油，拌勻後改用中小火，持續翻炒直到蒟蒻均勻吸收調味。關火後放涼，會入味得更均勻。

＊冷藏可保存4～5天。若無醬油漬山椒粒，可使用佃煮山椒粒，並以平時的醬油調味即可。

COLUMN 2 ｜ 適合下酒的零食

從親民的日常零食到食材講究的精緻款都有。
幾位專家推薦私藏的下酒零食。
各位偏好鹹的還是甜的呢？

\ 鹹口味的零食 /

飛田

辣味蠶豆

在日本超市收銀檯附近會出現的辣味零食，看到總是會忍不住就購買。「明太子蠶豆」是在「紀之國屋」發現的，小包裝很方便食用。

冷水

蕎麥粉點心

我不常吃市售零食，但偏好食材簡單的產品。在有機食品店Bio c' Bon販售的蕎麥粉零食，還加入藜麥和莧菜籽，是義大利的兒童零食。

渡邊

螢烏賊乾

我喜歡一邊喝酒一邊品嚐小魚乾、魚片或烏賊乾等乾貨小吃。這款福光屋的「螢烏賊乾」整尾烘乾，味道濃郁。

加藤

豆源的「鹽煎餅」

總店位於麻布十番的豆源推出「鹽煎餅」，只用鹽調味，口感樸實。百貨公司及網路商店均可購買，只有總店才吃得到得現炸煎餅，風味絕佳。

上田

香料堅果

西荻窪的「OKASHIYA Karhu」販售的「香料腰果」，以葛拉姆馬薩拉、萊姆葉和大蒜調味，很適合下酒。

大野

鹽味洋芋片

簡單的鹽味洋芋片中，特別喜歡「chip star」這個品牌，包裝內洋芋片排列緊密顯得很漂亮。一次吃好幾片，總覺得更美味。

64

\ 甜口味的零食 /

大野

加藤

上田

「Toppo 巧克力棒」配山椒鹽

我喜歡用甜食搭配酒，特別是巧克力經常上場。在甜味中加入一點鹹味特別好吃，所以我試著用「Toppo巧克力棒」沾山椒鹽，結果很搭！

HIGASHIYA 的「奶油紅棗」

以擁有天然甜味的紅棗包裹發酵奶油與核桃，製成一口大小的精緻點心。外型美觀，很適合拿來送禮。擺放在小碟子上，適合搭配美味紅酒。

不會太甜的餅乾

搭配酒類的話，我偏好不會過甜的餅乾。Merci Bake的「下酒餅乾」含有芝麻、玉米粒與全麥粉，口感紮實，非常適合當下酒菜。

冷水

渡邊

飛田

糖漿可可豆

以有機蔗糖包覆的可可豆，口感堅硬，帶微甜與苦澀，特別適合搭酒。來自專做巧克力片的品牌「Salagadoola」。

韓國黃豆粉點心

最近迷上韓國食品，經常採購韓國食材。這款黃豆粉零食鹹甜適中，令人一吃就停不下來。形狀很獨特，口感也相當不錯。

Tanto Tempo 的果乾

葉山的義大利食材店「Tanto Tempo」販售的果乾，無論是大小或乾燥程度都很合我的口味。今天購買的是無花果與帶枝枒的葡萄乾。

加藤里名的
麵粉類下酒菜

在與朋友大聊特聊的談話時光中，想在餐後多喝一杯酒時，來點酥酥脆脆的烘焙點心，能讓再來一杯的飲酒時光更加愉悅。

從鹹味餅乾、脆餅，到鹹派、布利尼和火焰薄餅。

身為西點研究家又懂酒的加藤里名女士，分享了幾款她特別推薦的麵粉類下酒菜。

加藤里名

西點研究家。Sucreries合同會社代表。曾於巴黎藍帶廚藝學校（Le Cordon Bleu）學習法式甜點，並在知名甜點店「Laurent Duchêne」工作。自2015年起，在東京神樂坂開設西點教室，並活躍於書籍、雜誌媒體以及烘焙點心的郵購販售等領域。

1 綜合香草餅乾

香香脆脆一吃就停不下來

→ 食譜：p.70

2 橄欖番茄餅乾

義大利風味

→ 食譜：p.70

68

強烈香料風味

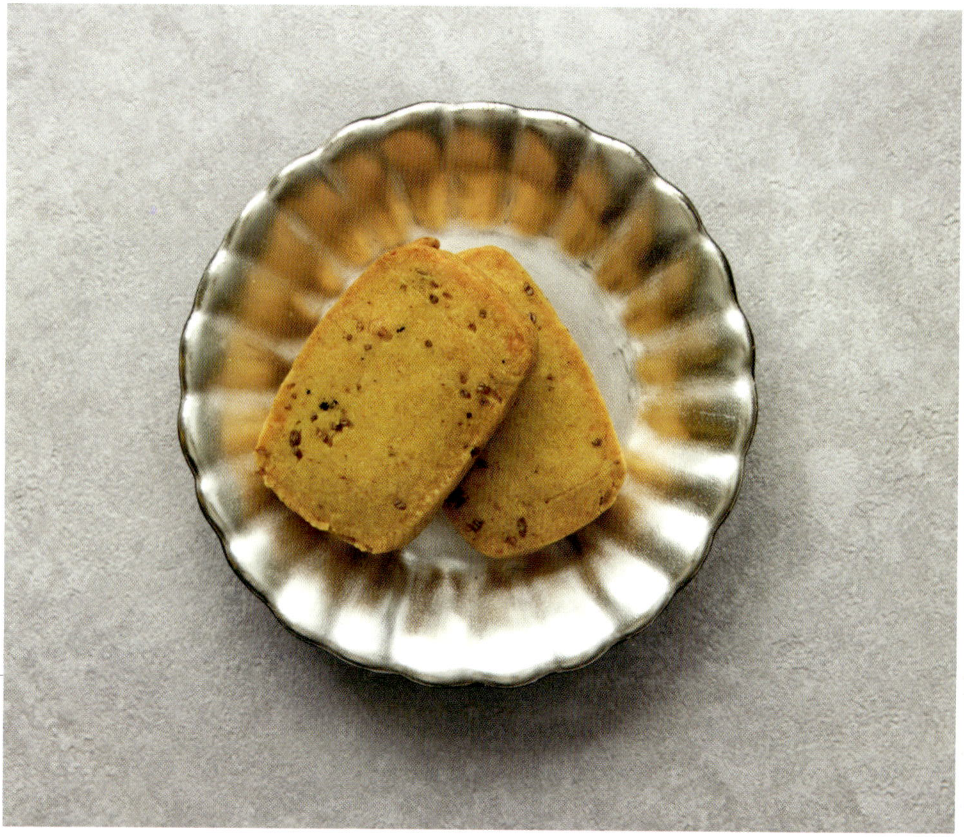

咖哩孜然餅乾

→食譜：p.71

吃得到杏仁口感

艾登起司杏仁餅乾

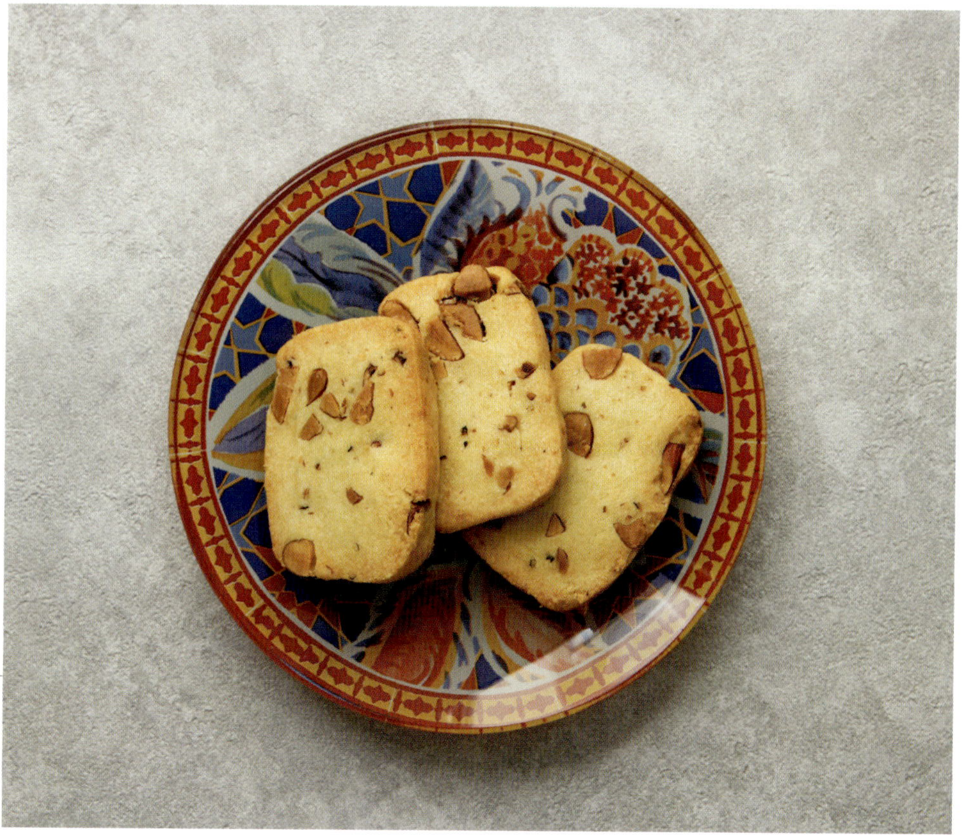

→食譜：p.71

① 綜合香草餅乾

將麵糰擀得薄，餅乾就會更酥脆。
只需混合起司與香草即可完成。
材料簡單，隨時都能輕鬆製作。

材料（約50片）

A ｜ 低筋麵粉　100g
　　泡打粉　2g
　　鹽　1g
　　粗粒黑胡椒　1g
　　砂糖　2g
　　帕瑪森起司（刨絲）　10g
橄欖油　10g
混合香草　3g

1. 在碗中篩入 A 的低筋麵粉與泡打粉，再加入其餘材料混合均勻。
2. 分次加入水50ml與橄欖油，用刮刀攪拌成麵糰。將麵糰取出至桌面，揉約2分鐘至光滑。
3. 加入混合香草，揉至均勻分布。用保鮮膜包好，冷藏靜置30分鐘。
4. 將麵糰擀成24×25cm大小、約2mm厚的薄片（a）。用刀切成2×5cm的長方形（b）。在鋪有烘焙紙的烤盤上留間距排好，並用叉子在每片麵糰上戳洞（c）。
5. 將烤箱預熱至170℃烘烤20分鐘，至表面呈金黃色。取出後放在網架上冷卻。

使用專門的厚度尺（烘焙工具），可將麵糰均勻擀至所需厚度。

切割時可使用尺輔助，刀刃貼著標線就能正確切割麵糰。訣竅是用按壓的方式切割。

用叉子戳洞可防止烘烤時膨脹，確保脆餅的平整。

② 橄欖番茄餅乾

經典義大利風味，非常適合搭配紅酒。
可依喜好調整切割尺寸，享受不同的口感。

材料（約32片）

A ｜ 與「綜合香草脆餅」的材料A相同
橄欖油　10g
黑橄欖（去核，切碎）　10g
半乾番茄（切碎）　10g

1. 按照「混合香草餅乾」的步驟1～2製作麵糰。
2. 加入黑橄欖與半乾番茄，揉至均勻混合。用保鮮膜包好，冷藏靜置30分鐘。
3. 將麵糰擀成24×25cm大小，約2mm厚的薄片，切成4×4cm的正方形。將脆餅排放在鋪有烘焙紙的烤盤上，並用叉子在每片麵糰上戳洞。撒上少許粗粒黑胡椒與帕瑪森起司（不包含在材料份量內）。
4. 將烤箱預熱至170℃，烘烤25分鐘，至表面金黃。取出後放在網架上冷卻。

3 咖哩孜然籽餅乾

這款鹹味餅乾切得稍薄，口感更加，
美味恰到好處。
香料的辛香味會在口中散開。

材料（約18片）

無鹽奶油　50g
A ｜ 帕瑪森起司（刨絲）　100g
　｜ 鹽、粗粒黑胡椒　各一小撮
　｜ 砂糖　5g
牛奶　10g
B ｜ 低筋麵粉　80g
　｜ 咖哩粉　6g
孜然籽　5g

事先準備

奶油提前回溫至室溫。

1　奶油放入碗中，用刮刀壓拌至滑順。
2　在1加入A攪拌均勻。
3　加入牛奶再度混合均勻。
4　將B過篩分三次加入，每次拌勻後再加入下一次的量。
5　用手將麵糰揉至不見乾粉。
6　加入孜然籽，再度用手揉勻。在桌面將麵糰整理成3×5cm的長條狀。
7　用保鮮膜包好，冷藏3小時以上，直到麵糰完全硬化。
8　將7切成8mm厚（d）的片狀，排在鋪有烘焙紙的烤盤上（e）。
9　將烤箱預熱至170℃，烘烤約20分鐘，至表面微金黃。取出後放網架冷卻。

4 艾登起司杏仁餅乾

甜口味的杏仁餅乾當然也很美味，
不過堅果和起司也很搭。
烤過的杏仁更增添了濃郁風味。

材料（約18片）

無鹽奶油　50g
A ｜ 艾登起司（刨絲）　100g
　｜ 鹽、粗粒黑胡椒　各一小撮
　｜ 砂糖　5g
牛奶　10g
低筋麵粉　85g
杏仁（烘烤後粗切）　30g

事先準備

奶油提前回溫至室溫。
杏仁需先切成粗顆粒。未烘烤的杏仁
需以150℃烤約10分鐘。

1　參考「咖哩孜然籽餅乾」的步驟1～3製作麵糰。
2　分三次加入過篩的低筋麵粉，每次都要拌勻後再加入下一次的量。
3　用手將麵糰揉至不見乾粉。
4　加入杏仁再度揉勻，麵糰在桌面上整理成3×5cm的長條狀。
5　按照「咖哩孜然籽餅乾」的步驟7～9。

＊照片為「艾登起司杏仁餅乾」。

d　在切割前確保麵糰完全冷卻，方便切割。

e　邊緣若裂開，可在烤盤上稍作修整

洋蔥果醬派

帕馬森起司培根扭結派

6 法國經典的酸甜洋蔥果醬是這款酥派的主角，刻意將派皮壓薄後，烘烤至濕潤且香氣四溢。

材料（1片）
冷凍派皮（15公分的正方形）　1片
→ 提前移至冷藏室解凍
洋蔥果醬　適量
黑橄欖（去核，切片）　8粒

1. 將派皮擀成2mm厚的薄片，用叉子均勻戳洞，放在鋪有烘焙紙的烤盤上。
2. 將烤箱預熱至190℃，將派皮烘烤15分鐘，取出後用鍋鏟輕壓，讓膨脹的派皮平整。
3. 將洋蔥果醬均勻抹在 **2** 上，撒上黑橄欖片，放回烤箱以190℃再烘烤10分鐘，取出放置網架冷卻。
4. 切成一口大小盛盤。

＊洋蔥果醬材料（方便製作的份量）與作法
薄切洋蔥（約250g）1顆。在厚底鍋中加熱奶油15g至融化，加入洋蔥以小火拌炒，至洋蔥變軟且呈現淡茶色。加入白酒醋30ml、砂糖15g，1小撮鹽和少許黑胡椒，繼續拌炒至洋蔥轉深褐色且水分稍微蒸發，冷卻備用。

5 這是一道作法最簡單又美味的冷凍派皮食譜，扭結的造型，更容易入口，外觀也更華麗。

材料（約40條）
冷凍派皮（15公分的正方形）　1片
→ 提前移至冷藏室解凍

A｜帕瑪森起司（刨絲）　40g
　｜培根（切薄片）　50g
　｜粗粒黑胡椒　適量

1. 用擀麵棍將派皮擀成長30×寬20cm大小，培根切成1cm寬的長條。
2. 在派皮上半部塗抹少量清水，撒上 **A** 材料，將下半部折起覆蓋在上半部，用擀麵棍輕壓至均勻平整。
3. 用刀將派皮對半橫切，再縱向切成1cm寬的條狀，放入冷藏稍微冷卻定型。取出後將每條扭成螺旋狀，排放於鋪有烘焙紙的烤盤上。
4. 撒上額外的帕瑪森起司與粗粒黑胡椒（不包含在材料份量內），放入預熱至200℃的烤箱，烘烤15～20分鐘至酥脆金黃。取出放置網架冷卻即可。

扭好的派皮兩端輕壓於烘焙紙上固定麵糰。

7 炸海苔球

這是義大利拿坡里地區的經典炸物，
海苔的香氣加上蓬鬆柔軟的口感，
是一款令人上癮的小吃。

材料（約15個）

橄欖油　15 ml
砂糖　½ 小匙
乾燥酵母　1.5 g
乾燥青海苔　3 g
高筋麵粉　100 g
鹽　½ 小匙
油炸用油　適量

1. 將40℃的溫水80ml倒入碗中，加入橄欖油、砂糖與乾燥酵母，攪拌至酵母完全溶解。青海苔以少量水泡發，擠乾水分備用。
2. 在 **1** 中加入高筋麵粉與青海苔，用刮刀攪拌均勻。
3. 拌至無乾粉後，加入鹽再拌勻，蓋上保鮮膜，室溫靜置1～2小時，至麵糰膨脹至兩倍大。若氣溫較低，可將麵糰置於約30℃的烤箱中幫助發酵。
4. 在鍋中加入約5cm高的食用油，將油加熱至170℃。用小湯匙挖取 **3**，輕輕放入油中，每面炸2～3分鐘至微金黃，撈至網架上。
5. 撒上少許鹽（不包含在材料份量內）盛盤。

在法國，優格製成的小鬆餅布利尼（Blini）搭配各式沾醬，是備受歡迎的小點心。柔軟輕盈的布利尼加上沾醬，就能馬上開始一場葡萄酒派對。

巴西里番茄沙拉

8 布利尼鬆餅

蘋果甜菜優格醬

茄子芝麻醬

魚卵醬

布利尼鬆餅

材料（約20片）
無糖原味優格　300g
低筋麵粉　100g
泡打粉　4g
鹽　兩小撮
雞蛋（中型大小）　1顆
植物油　適量

1. 將優格倒在廚房紙巾上瀝掉多餘水分，直至剩下約150g。
2. 在碗中混合低筋麵粉、泡打粉和鹽，過篩後用打蛋器拌勻。逐次加入瀝水後的優格與打散的蛋液，攪拌至順滑。
3. 平底鍋加熱後轉小火，鍋中抹上一層薄油，將麵糊用湯匙舀入鍋中，形成直徑約5～6cm的圓形。待表面出現氣泡後翻面，煎至雙面呈淡金黃色即可。用相同的方式，煎好所有麵糊。

沾醬

魚卵醬

材料（方便製作的份量）
馬鈴薯（切片）　1顆（約100g）
A ┌ 鱈魚子（去薄膜）　80g
　├ 檸檬汁　2小匙
　├ 牛奶　2大匙
　└ 美乃滋　20g
橄欖油　2大匙
香芹葉（依喜好添加）　適量

1. 將馬鈴薯切成1cm厚的片狀，與水一同放入鍋中，中火煮沸後繼續煮約6分鐘，熟透後去皮。
2. 將煮熟的1與A放入攪拌機打成泥狀，並慢慢加入橄欖油乳化。
3. 盛盤後，點綴香芹葉即可。

蘋果甜菜優格醬

材料（方便製作的份量）
蘋果　¼顆（約60g）
甜菜根（水煮罐頭）　60g
無糖原味優格　100g
鹽、胡椒　各少許
蒔蘿（依喜好添加）　適量

1. 將優格用廚房紙巾瀝去水分至剩下50g。蘋果與甜菜根分別切成5mm小丁。
2. 在碗中混合蘋果丁、甜菜根丁與瀝過水的優格，加入鹽與胡椒調味。
3. 盛盤後撒上切碎的蒔蘿即可。

茄子芝麻醬

材料（方便製作的份量）
茄子　2根
A ┌ 白芝麻醬　1大匙
　├ 大蒜（磨泥）　½瓣
　├ 檸檬汁　½大匙
　├ 橄欖油　1大匙
　└ 鹽　½小匙
紅椒粉（依喜好添加）　適量

1. 在茄子表面隨機用叉子戳洞，放入烤箱烤至內部軟爛。去蒂、剝皮後切成大塊（準備約100g）。
2. 將1的茄子與A放入攪拌機打成泥狀。
3. 盛盤後灑上紅椒粉即可。

巴西里番茄沙拉

材料（方便製作的份量）
巴西里（去莖、切碎）　50g
蕃茄　¼顆（30g）
洋蔥　⅛顆（30g）
檸檬汁　2大匙
橄欖油　3大匙
鹽、胡椒　各½小匙

1. 番茄、洋蔥切5mm小丁，洋蔥泡水備用。
2. 在碗中混合巴西里、番茄、擠掉多餘水分的洋蔥，加入檸檬汁、橄欖油與鹽、胡椒拌勻。

烤地瓜培根
楓糖鹹蛋糕

鮪魚高麗菜
番茄鹹蛋糕

9 鮪魚高麗菜番茄鹹蛋糕

結合義大利麵配料的食材，
切成一口大小盛盤，成為絕佳下酒菜。
剩下的鹹蛋糕，隔天當作早餐也十分合適。

材料（20.5x16x深3cm琺瑯烤盤）

鮪魚罐頭　100g
高麗菜　100g
小番茄　5顆
雞蛋　2顆
A │ 牛奶　60g
　│ 橄欖油　60g
　│ 砂糖　10g
　│ 鹽　2g
　│ 粗粒黑胡椒　1g
　│ 顆粒芥末醬　15g
帕瑪森起司（刨碎）　40g
低筋麵粉　120g
泡打粉　4g

事先準備
在琺瑯烤盤鋪上烘焙紙。

1 高麗菜切成5mm寬的絲，小番茄對半切開。鍋中放少許橄欖油（不包含在材料份量內），用中火炒軟高麗菜，加入少許鹽與胡椒調味（不包含在材料份量內），盛出放涼。
2 在碗中打散雞蛋，加入材料A拌勻。
3 加入帕瑪森起司拌勻。
4 低筋麵粉與泡打粉過篩加入，大致混合之後，用刮刀輕輕翻拌約30次，拌至大致融合即可。
5 加入一半的炒高麗菜與鮪魚，輕輕翻拌5次後，倒入烤盤中。
6 在麵糊表面鋪上剩餘的高麗菜、鮪魚和小番茄，放入預熱至180℃的烤箱，烘烤30分鐘（將竹籤插入，沒有沾上麵糊即表示熟透）。
7 從烤盤取出，放置網架上冷卻即可。

10 烤地瓜培根楓糖鹹蛋糕

結合烤地瓜與楓糖漿，
帶有甜鹹滋味的蛋糕。
濕潤的口感令人難以抗拒。

材料（20.5x16x深3cm琺瑯烤盤）

烤地瓜　100g
培根（薄切）　3片（約50g）
雞蛋　2顆
A │ 牛奶　60g
　│ 橄欖油　60g
　│ 楓糖漿　45g
　│ 鹽、粗粒黑胡椒　各1g
帕瑪森起司（刨碎）　50g
低筋麵粉　120g
泡打粉　4g

事先準備
在琺瑯烤盤鋪上烘焙紙。

1 按照「鮪魚高麗菜番茄鹹蛋糕」的步驟2～4製作麵糊。
2 烤地瓜撕成一口大小，將一半加入麵糊中，翻拌5次後倒入烤盤。
3 在表面放上培根（過長可對切）與剩餘的烤地瓜。將烤盤放入預熱至180℃的烤箱，烘烤30分鐘（將竹籤插入，沒有沾上麵糊即表示熟透）。
4 從烤盤取出，放置網架上冷卻即可。

菇菇起司火焰薄餅

培根洋蔥火焰薄餅

烤一大塊再切成下酒菜大小，這種隨興的感覺剛剛好。

11 培根洋蔥火焰薄餅

火焰薄餅是法國亞爾薩斯地區的傳統鄉土料理,類似披薩。
特色是使用薄而酥脆的餅皮,無需發酵所以很快就能做好。

材料(1片)

〔餅皮〕
高筋麵粉　50g
低筋麵粉　50g
橄欖油　10g

洋蔥　¼顆
培根(薄切)　40g
肉豆蔻(依喜好添加)　適量
粗粒黑胡椒　適量
帕瑪森起司(刨碎)　適量

〔奶油醬〕
酸奶油　70g
鮮奶油(乳脂肪含量36%)　30g
鹽　兩小撮
蛋黃　½個

1. 在碗中篩入高筋麵粉與低筋麵粉,分次加入水50ml與橄欖油,用刮刀拌勻成團。
2. 將麵糰移至桌面,揉約2分鐘至光滑,包上保鮮膜,冷藏靜置30分鐘。
3. 在碗中放入酸奶油、鮮奶油、鹽與蛋黃,用刮刀攪拌至順滑。
4. 洋蔥切薄片,培根切1cm寬。
5. 將**2**的麵糰放在烘焙紙上,用擀麵棍擀成約20×25cm長方形。在麵皮上均勻塗抹**3**的奶油醬,鋪上洋蔥與培根,撒上肉豆蔻、粗粒黑胡椒與帕瑪森起司。
6. 放入預熱至230℃的烤箱,烤約15分鐘。

12 菇菇起司火焰薄餅

當地會使用白乳酪做奶油醬。
這裡使用亞洲比較容易取得的酸奶油代替。

材料(1片)

〔餅皮〕和〔奶油醬〕配方同「培根洋蔥火焰薄餅」。

蘑菇　50g
舞菇　50g
洋蔥　¼顆
奶油　1大匙
粗粒黑胡椒　適量
帕瑪森起司(刨碎)　適量

1. 按照「培根洋蔥火焰薄餅」的步驟1~3製作餅皮與奶油醬。
2. 蘑菇和洋蔥切薄片,舞菇撕成容易入口的大小。
3. 在平底鍋中放入奶油加熱至融化,加入**2**拌炒至軟化。用少許鹽與胡椒調味(不包含在材料份量內),取出放涼。
4. 按照「培根洋蔥火焰薄餅」的步驟5擀開麵糰,塗抹奶油醬,均勻撒上**3**和帕瑪森起司與粗粒黑胡椒。
5. 放入預熱至230℃的烤箱,烤約15分鐘。

冷水希三子的
水果香草下酒菜

帶有甜味與酸味的水果，
是食材也是調味料。
將香甜的水果與香草的香氣結合，
能達到絕妙的味覺平衡。

想要突顯水果與香草的特徵，
訣竅就是不要過度攪拌。
不妨透過擺盤組合，
保留每種食材的味道與香氣。

使用小巧的豆皿展現每道料理的精緻與美感，
嘗試看看冷水希三子女士的食譜吧！

冷水希三子

料理家。曾任職於餐廳與咖啡廳,之後獨立創業。她的料理注重食材原味,簡單又細膩的風格廣受歡迎。除了活躍於雜誌、網站等媒體之外,也經營料理教室。
在料理搭配與擺盤造型方面也廣受好評。

香草醬拌無花果

盛盤時多一道工就很美

→ 食譜：p.84

奇異果薄荷優格沙拉

醬料讓水果更美味

→ 食譜：p.84

82

3 哈密瓜蒔蘿沙拉

多汁又美味

→食譜：p.85

4 葡萄柚羅勒蛋沙拉

酸甜鮮明的對比

→食譜：p.85

② 奇異果薄荷優格沙拉

自製的美乃滋是味道的關鍵。
像生魚片那樣盛盤，
整體就會很美觀。

材料（2人份）
奇異果　1顆
綠薄荷　適量
美乃滋　1小匙
無糖原味優格　1大匙

1 混合美乃滋與優格。
2 奇異果去皮切半月形，盛於盤中，淋上**1**並點綴薄荷即可。

＊美乃滋的材料（方便製作的份量）與作法
雞蛋1個、白酒醋1大匙、糖½小匙、鹽⅓小匙、植物油110g、特級初榨橄欖油（參照左頁左下角的說明）20g，用攪拌機混合即可。

① 香草醬拌無花果

香草醬和無花果、香草分別盛盤，
味道就不會過於單一，同時又能品嘗各自的味道。
香草醬可以使用攪拌機打至滑順。

材料（2人份）
無花果　1顆
香草（義大利巴西里、蒔蘿、綠薄荷等）　適量
檸檬汁　少許
A　嫩豆腐　50g
　　白芝麻醬　少於1小匙
　　砂糖　¼小匙
　　醋　⅓小匙
　　鹽　少許

1 將**A**的材料用攪拌機打成醬料。
2 無花果縱切成4等份，將**1**適量盛於器皿內，再放上無花果，淋上檸檬汁，撒上切碎的香草即可。

香草、水果和冰透的白酒。
彷彿身心都得到淨化的清爽餐桌。

3 哈密瓜蒔蘿沙拉

菲達起司的鹹味讓沙拉更有層次。
請品嘗小黃瓜和哈密瓜不同的口感。

材料（2人份）
哈密瓜　⅛顆
蒔蘿　3～4支
小黃瓜　½根
紫洋蔥　少許
鹽　適量
白酒醋　2小匙
特級初榨橄欖油　少於1大匙
檸檬汁　1小匙
菲達起司　適量

1 紫洋蔥切薄片泡水後瀝乾，哈密瓜切2cm小丁，蒔蘿切碎。
2 小黃瓜去皮，滾刀切2cm小塊，加鹽與1小匙白酒醋、橄欖油拌勻。
3 加入紫洋蔥、蒔蘿、哈密瓜，再加入1和檸檬汁拌勻。
4 盛盤後撒上菲達起司與適量橄欖油（不包含在材料份量內）即可。

小黃瓜削皮之後，顏色就會和哈密瓜一致，呈現整體感。

4 葡萄柚羅勒蛋沙拉

擁有酸味的葡萄柚，
和擁有甜味的雞蛋很搭。
沾上醬汁的濃稠雞蛋也很美味。

材料（2人份）
葡萄柚　½顆
羅勒葉　5g
雞蛋　1顆
特級初榨橄欖油　適量
A ┌ 葡萄柚汁　2大匙
　│ 魚露　多於½小匙
　│ 白酒醋　½小匙
　└ 特級初榨橄欖油　1大匙
辣椒粉（依個人喜好）　適量

1 葡萄柚剝皮去除薄膜，取果肉榨出 **A** 需要的果汁，其他的份量切成一口大小。
2 在平底鍋加入橄欖油加熱，倒入蛋液，邊緣凝固之後攪拌做成炒蛋。
3 在碗中拌勻 **A** 醬汁，加入1、2和羅勒葉攪拌。盛盤後撒上辣椒粉。

＊特級初榨橄欖油Extra Virgin Olive Oil，酸度在0.8以下，品質優良且風味香氣絕佳。

5 香菜萊姆漬草莓

紅白對比的顏色，
是一道視覺也能享受的小菜。
萊姆的酸味讓味道更明確。

材料（2人份）
白肉魚（生魚片用） 150g
草莓 4顆
小番茄 3顆
香菜 1株
紫洋蔥 少許
醋漬墨西哥辣椒 少許
A｜萊姆汁 30ml
　｜水 10ml
　｜料理酒 5ml
　｜鹽 ¼小匙

用手輕輕抓拌，才不會壓到食材，又能攪拌均勻。

1 將白肉魚切2cm小塊，紫洋蔥薄切後大致切碎，過水後瀝乾。墨西哥辣椒切碎。
2 在碗中拌勻**A**和**1**。
3 草莓切成1～2cm小塊，小番茄切成四等分。香菜切碎備用。
4 在**2**的碗中加入**3**拌勻。

86

6 百里香柿子馬鈴薯泥

柿子煎過之後會更甜，就算沒有熟透也沒關係。
滑順的馬鈴薯泥和濕潤的柿子非常搭。

材料（2人份）

馬鈴薯　100g
柿子　½顆
百里香　3～4支
鹽　適量
奶油　20g
牛奶　30～50ml
特級初榨橄欖油　少許
白酒醋　2小匙

1. 將馬鈴薯去皮後對半切開，切成約1cm厚的片狀，並浸泡在清水中。在鍋中加入清水和鹽（鹽量約為水的0.8%左右），放入瀝乾水分的馬鈴薯，水沸騰後轉小火，煮至馬鈴薯變軟。

2. 煮好的馬鈴薯瀝乾水分後，過篩壓成泥，倒回鍋中小火加熱。加入切小塊並事先冷藏的奶油，攪拌均勻後，加入加熱的牛奶繼續攪拌。

3. 柿子去皮後切成6等分的月牙狀。在平底鍋中加熱橄欖油，放入柿子和新鮮百里香，雙面都煎過。加入適量白酒醋，稍微翻炒後關火。

4. 將 **2**、**3** 盛盤即可。

煎柿子的時候百里香的味道會附著在柿子上，煮至柿子稍具透明感。

8 鼠尾草香蕉春捲

7 起司香草炸蘋果

甜甜的香蕉搭配鼠尾草和檸檬皮的清新感，
帶有大人的滋味。
炸過的香蕉口感滑嫩。

材料（2人份）
香蕉（偏硬的香蕉）　10 cm
鼠尾草　4～6片
檸檬皮　少許
春捲皮　2張
食用油　適量

1. 將香蕉切成一口大小。
2. 在春捲皮中央放上鼠尾草葉和香蕉，並撒上一些刨碎的檸檬皮捲起來。用麵粉水（不包含在材料份量內）收口。
3. 將油加熱至約170℃，炸至表皮酥脆。

高筋麵粉與在來米粉的搭配能帶來酥脆輕盈的口感。
搭配起司的鹹香、檸檬香蜂草的清新，
能平衡蘋果的自然甜味。

材料（2人份）
蘋果　¼顆
帕瑪森起司　適量
檸檬香蜂草　適量
高筋麵粉　適量
A｜高筋麵粉　40 g
　｜在來米粉（若無可用高筋麵粉替代）　10 g
　｜氣泡水（冷藏）　100 ml
油炸油　適量

1. 將蘋果切成約1cm厚的一口大小。
2. 將蘋果表面薄薄地裹上一層高筋麵粉，沾上混合好的 A。加熱油至約170℃，炸至表面金黃酥脆。
3. 盛盤，撒上帕瑪森起司以及切碎的檸檬香蜂草。

檸檬的香氣來自檸檬皮。
要使用檸檬皮的話，最好選擇國產檸檬。

88

莎莎醬可以在冰箱保存4～5天，因此建議一次多做一些。也很適合搭配烤肉或魚類。

材料（2人份）

干貝（生食用）　2個

A ｜ 鳳梨　100g
　　小黃瓜　5cm
　　香菜　3株
　　綠薄荷　10g
　　蒔蘿　5g
　　紫洋蔥（切碎）　1大匙
　　青辣椒　1～2條
　　萊姆汁　2大匙
　　白葡萄酒醋　2小匙
　　鹽　少許

鹽　適量
特級初榨橄欖油　少許

1　將A的鳳梨與所有蔬菜切碎，與其他A材料混合均勻。
2　將干貝灑上鹽，於平底鍋中加熱橄欖油，以大火快速煎好雙面。
3　將煎好的干貝盛盤，淋上1的莎莎醬即可。

夏季風格的清爽醬汁，
和甘甜的干貝很搭。
干貝煎到邊緣微焦可以增添香氣。

9　鳳梨香草莎莎醬煎干貝

10 柳橙巴西里醬烤肉

即便是油脂豐富的牛肉，搭配這種醬汁也能夠很清爽。
和入口即化的牛肉一起享用，
柳橙果汁會在口中與肉汁融合。

材料（2人份）

牛肉（烤肉用）　4片

A ｜ 柳橙　½個
　　紫洋蔥　少許
　　義大利巴西里　3～4株
　　白葡萄酒醋　1小匙
　　特級初榨橄欖油　1大匙
　　鹽　一小撮

鹽　適量

1. 將 A 的紫洋蔥切薄片後再切成小塊，放入冷水中浸泡，再瀝乾水分。柳橙剝去外皮與薄膜，切成一口大小。義大利巴西里切碎。
2. 將 A 混合均勻。
3. 牛肉灑上適量鹽，用熱鍋以大火煎至雙面金黃，內部保持五分熟。
4. 將 3 盛盤，淋上 2 的醬汁。

柳橙也可以保留薄膜，切成保留口感的大小。

11 葡萄香菜炒雞肉

酸甜的葡萄結合以葡萄為原料的巴薩米克醋，味道會更加平衡。
香菜的香味增添層次。

材料（2人份）
雞腿肉　120g
葡萄（如巨峰葡萄之類的無籽黑葡萄）　60g
香菜　1株
高筋麵粉　少許
特級初榨橄欖油　1小匙
A｜巴薩米克醋　½大匙
　｜料理酒　1小匙
　｜醬油　少於1小匙

1. 雞腿肉切成一口大小，葡萄切半，香菜切碎。雞肉沾上一層高筋麵粉。
2. 在平底鍋中加入橄欖油，以中火加熱，放入雞肉炒香，擦去多餘的油脂後加入葡萄炒勻，再倒入混合好的 **A**。
3. 關火後加入香菜拌勻。

香菜不宜過度加熱，以免香氣散失，建議在關火後再加入。

材料（方便製作的份量）

豬肩肉（塊狀）　400g

A ｜ 洋蔥　½個
　　 紅蘿蔔　3cm
　　 大蒜　½瓣
　　 迷迭香　2枝
　　 肉桂棒　1枝
　　 丁香　3顆
　　 紅酒　200ml
　　 蜂蜜　2大匙
　　 鹽　⅔小匙

特級初榨橄欖油　1大匙
水煮番茄罐頭　200g
李子乾　6個
鹽　適量

結合果乾與香料，以及燉煮料理經常使用的迷迭香。是一道酸酸甜甜而濃郁的燉煮料理。

1. 將豬肉切成3～4cm的小塊。將**A**的洋蔥、紅蘿蔔薄切，和剩下的材料、豬肉一起放入保鮮袋，冷藏醃製一晚。
2. 用篩子瀝掉**1**的湯汁，將食材和醃漬的湯汁分開。
3. 擦乾**2**的豬肉，在熱鍋中加入½大匙橄欖油，將豬肉表面煎至金黃，取出備用。擦掉多餘的豬肉油脂，倒入**2**的湯汁開中火加熱。當湯汁收到一半，在濾篩上鋪廚房紙巾過濾。
4. 趁燉煮的時候，在鍋中加入½大匙橄欖油，熱鍋後炒香其餘的配料。
5. 在**4**裡面加入煎好的豬肉、濾過的醬汁與水煮番茄罐頭。蓋上鍋蓋但稍微留縫，轉小火燉煮約30分鐘。
6. 加入李子乾和300ml的水，繼續燉煮30～40分鐘至入味。最後用鹽調整味道。

12　李子迷迭香燉豬肉

冷水女士傳授 豆皿搭配小祕訣

是不是覺得豆皿很難搭配呢？
冷水女士擁有包含豆皿在內的大量餐盤，
這次要向她請教搭配的小祕訣。

小尺寸的豆皿也能當作筷架使用，盛裝鹽或七味粉等調味料，一盤多用。

豆皿是指直徑3寸（約9cm）左右，能剛好放在手掌裡的日式小碟子。本書也收羅了稍微大一點的尺寸或西式盤子，來盛裝簡單的小菜。

有些盤子有邊緣、有些無邊，還有深盤等，依據料理是否有湯汁、需要盛裝的湯汁量來選擇。湯汁較多的料理，使用深盤更方便用餐。水果或香草等顏色鮮豔的料理，用白色盤子更能襯托出色彩。混合切碎蔬菜製作的醬料，因為有多種食材的顏色交織，比起有圖案的盤子，更適合用素色盤子。盤子會影響料理的呈現方式，想像不同顏色、圖案或質感的盤子盛裝料理的樣子也是一種樂趣。

豆皿小巧又價格實惠，依照顏色或圖案的可愛度來挑選很有趣。慢慢收集喜歡的款式，並根據心情來變換搭配。譬如試著拿西式盤子來盛裝日式料理，或是將日式盤子用來裝西式點心，不拘泥於形式輕鬆嘗試即可。餐桌上同時出現日式和西式的豆皿也富饒趣味。

COLUMN 3 | 我的珍藏豆皿

應讀者要求，
料理人們各自挑選了4款珍藏的豆皿，
並分享與這些豆皿結緣的小故事。

大野

因為喜歡這個葫蘆造型而購買。前端不放任何東西，盛盤時保留一些空白。長12.5cm。

我喜歡顏色多彩的彩繪盤子。在門前仲町參道路上我很喜歡的骨董店購入。直徑12cm。

在每週日擺攤的富岡八幡宮骨董市場發現的青花瓷小碟子，我經常在店裡使用。直徑10cm。

紅與藍雙色隨興畫風的八角形鉢皿。盛裝芋頭或蒟蒻這類樸實的料理，也能顯得十分出色。直徑8cm。

渡邊

平板狀的紅褐色小碟子。日本藝術家製作的作品，用來盛裝堅果剛剛好。直徑9.5cm。

除了五角形也有菱形造型，棚橋祐介設計的作品，我很喜歡這個形狀。適合用來裝醬料或醬油。長9cm。

這款鉢場陶瓷皿購於越南，除了用來盛裝生春捲的沾醬，其高度設計也適合搭配涼拌料理。直徑9.5cm。

很受歡迎的色繪藝術者伊藤聰信的作品。我擁有兩款不同圖案的小碟子，獨特的筆觸非常具有魅力。直徑7.5cm。

上田

在京都跳蚤市場發現的小碟子。因為是生活雜貨，可以用實惠的價格多買幾個。直徑10.5cm。

我在京都的器皿商店購入同造型、不同圖案的小碟子。同樣的尺寸一次購買4個就很好收納。直徑11cm。

因獨特造型與銀色光澤一見鍾情，用來盛放調味料或堅果都很漂亮。長8cm。

30多年前，在法國的跳蚤市場上，因為其小巧的尺寸與可愛的造型而心動。適合盛放堅果或橄欖。直徑8cm。

94

飛田

吉田崇昭的器皿，三個一組，購於鎌倉的藝廊「器皿祥見」。直徑9.5cm。

在京都的骨董店「大吉」發現的碟子。適合盛裝調味料、當作筷架，有很多使用方法。方形7cm。

在長野「夏至」購買的岸野寬作品。我家有很多白色餐盤，有顏色的反而少，所以很珍貴。直徑9cm。

我一直都是伊藤環的粉絲，將他出品的白色小碟子用錫修整過。邊緣有一點高度，用起來很順手。

加藤

有田山平窯品牌「Y's home style」的菊紋小碟。白、藍與錫三色組合。直徑10.5cm。

有深度的Astier de Villatte的乳白色小盤購於法國。當初想拿來裝方糖。直徑9cm。

在木村硝子發現的的迷你盤子。適合盛裝果凍或羊羹等冰涼甜品。直徑7cm。

色彩繽紛的花卉圖案盤子來自Fragonard的肥皂和托盤組合。樸素的餅乾放在裡面也會看起來很華麗。直徑13cm。

冷水

五個一組的骨董小碟子。我有很多素色的盤子，所以想要找有圖樣的小碟子來搭配。直徑9cm。

鳥取的因州中井窯獨具特色的圖案。比起新品，這款的顏色更自然，所以我很喜歡。直徑10cm。

我從位於栃木縣益子的濱田庄司窯場購入的小碟子。現場當作糯米丸子用的小碟販售。直徑11.5cm。

去中國雲南省的時候，窯場送的禮物。比起高價的盤子，我更喜歡這個。直徑10.5cm。

CI 161
1杯＋1碟，我家就是居酒屋：日本料理職人的95道絕品下酒菜，小食就有大滿足
うちの豆皿つまみ絶品レシピ

編　　　者	主婦與生活社（主婦と生活社）
譯　　　者	涂紋凰
責任編輯	陳柔含
封面設計	黃馨儀
內頁排版	賴姵均
企　　　劃	陳玟璇
發 行 人	朱凱蕾
出　　　版	英屬維京群島商高寶國際有限公司台灣分公司 Global Group Holdings, Ltd.
地　　　址	台北市內湖區洲子街88號3樓
網　　　址	gobooks.com.tw
電　　　話	(02) 27992788
電　　　郵	readers@gobooks.com.tw（讀者服務部）
傳　　　真	出版部(02) 27990909　行銷部 (02) 27993088
郵政劃撥	19394552
戶　　　名	英屬維京群島商高寶國際有限公司台灣分公司
發　　　行	英屬維京群島商高寶國際有限公司台灣分公司
法律顧問	永然聯合法律事務所
初版日期	2025年01月

UCHI NO MAMEZARA TSUMAMI ZEPPIN RECIPE
by SHUFU-TO-SEIKATSU-SHA
Copyright © 2023 SHUFU-TO-SEIKATSU-SHA
Original Japanese edition published by SHUFU TO SEIKATSU SHA CO.,LTD.
All rights reserved
Chinese (in Traditional character only) translation copyright © 2025 by Global Group Holdings, Ltd.
Chinese (in Traditional character only) translation rights arranged with SHUFU TO SEIKATSU SHA CO.,LTD. through Bardon-Chinese Media Agency, Taipei.

國家圖書館出版品預行編目(CIP)資料

1杯＋1碟,我家就是居酒屋：日本料理職人的95道絕品下酒菜,
小食就有大滿足 / 主婦與生活社編; 涂紋凰譯 -- 初版 -- 臺北
市：英屬維京群島商高寶國際有限公司臺灣分公司, 2025.01
　　面；　公分. --

譯自：うちの豆皿つまみ絶品レシピ

ISBN 978-626-402-154-8(平裝)

1.CST: 食譜

427.1　　　　　　　　　　113019031

凡本著作任何圖片、文字及其他內容，
未經本公司同意授權者，
均不得擅自重製、仿製或以其他方法加以侵害，
如一經查獲，必定追究到底，絕不寬貸。
版權所有　翻印必究